青少年
气象科普
知识漫谈

Qingshaonian Qixiang Kepu Zhishi Mantan

《气象知识》编辑部 编

奇奇怪怪的气候变化

Qiqi Guaiguai de Qihou Bianhua

U0332590

气象出版社
China Meteorological Press

图书在版编目（CIP）数据

奇奇怪怪的气候变化/《气象知识》编辑部编. —北京：
气象出版社，2012.12（2017.1 重印）
（青少年气象科普知识漫谈）
ISBN 978-7-5029-5597-7

Ⅰ. ①奇… Ⅱ. ①气… Ⅲ. ①气候变化 – 青年读物
②气候变化 – 少年读物 Ⅳ. ①P467 – 49

中国版本图书馆 CIP 数据核字（2012）第 237179 号

出版发行：气象出版社
地　　址：北京市海淀区中关村南大街 46 号
邮政编码：100081
网　　址：http://www.qxcbs.com
E-mail：qxcbs@cma.gov.cn
电　　话：总编室：010-68407112；发行部：010-68408042
责任编辑：刘　畅　胡育峰
终　　审：章澄昌
封面设计：符　赋
责任技编：吴庭芳
印 刷 者：北京京科印刷有限公司
开　　本：710 mm×1000 mm　1/16
印　　张：10
字　　数：121 千字
版　　次：2013 年 1 月第 1 版
印　　次：2017 年 1 月第 3 次印刷
定　　价：18.00 元

CONTENTS

目 录

气候真的变化了吗

全球气候变化：事实、影响、适应与对策 …… 何 勇 张 雁（2）

气候变化的挑战——过去、现在、将来 ………………… 丁一汇（11）

漫话气候变暖 ………………………………………… 虞 江（17）

几家欢乐几家愁——暖冬的利弊 ……………………… 周 婷（22）

环境蠕变浅谈 ………………………………………… 王涓力（26）

气候的"刻度" ………………………………………… 史文贵（34）

气候变化与海啸 ………………… 王长科 周江兴 刘洪滨（38）

不复存在的古代遗迹

从气候角度看中华文明大迁移 ………………………… 余秉全（44）

丝绸之路的兴衰 ················· 陈昌毓（49）

沧桑大地的见证——"四不像" ········· 黎兴国（53）

地球的"活化石"——新疆北鲵 ········· 郭家梧（55）

野象曾经到过这里 ········ 刘立成　毛晓艳（59）

恐龙的兴亡与古气候 ··············· 柳又春（66）

北京西山的第四纪冰川遗迹 ··········· 魏生生（70）

千万年不败的鸽子花 ······ 张加常　钟有萍（77）

濒临消失的绿色

莫让敦煌变楼兰 ················· 陈昌毓（84）

日渐萎缩的绿洲 ················· 陈昌毓（92）

民勤绿洲变沙海之忧 ··············· 陈昌毓（98）

退色的玛曲草原 ················ 陈昌毓（107）

消失的洮儿河 ·················· 尹立武（116）

向海的变迁 ··················· 尹立武（121）

"三江源"地区的气候变化 ····· 任国玉　张　雁　初子莹（129）

企鹅、北极熊，你们过得好吗 ·········· 秦克铸（137）

如履薄冰的北极熊 ············ 中国天气网（145）

气候真的变化了吗

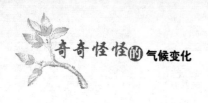
全球气候变化：
事实、影响、适应与对策

◎何 勇 张 雁

当前，气候变化已成为国际社会普遍关注的重大全球性问题，人类活动对全球增温的影响、发达国家温室气体减排、发展中国家应对气候变化采取的措施等都是气候变化领域中的热点问题。近十几年来，国际科学界在气候变化科学认识水平上取得了明显的进展。1988 年，由世界气象组织和联合国环境规划署联合组建了政府间气候变化专门委员会（IPCC），其主要任务就是对气候变化的自然科学基础、气候变化的影响和适应，以及减缓气候变化的可能对策等方面进行评估，为国际社会共同应对气候变化挑战提供全面、客观的科学依据。IPCC 已经分别推出了第一至第三次评估报告，第四次评估报告即将正式出版。2007 年在法国巴黎、比利时布鲁塞尔以及泰国曼谷分别就 IPCC 第四次评估报告三个工作组的决策者摘要进行了各国政府评审，通过了三个工作组的决策者摘要并对外发布。本文将围绕第四次评估报告的三个决策者摘要，讨论气候变化的科学事实、气候变化对自然和人类社会的影响以及人类如何适应和减缓气候变化的影响。

气候变化的科学事实

最新观测事实表明，近百年来（1906—2005 年）全球平均地表温度上升了 0.74℃，20 世纪后半叶北半球平均温度很可能比近 500 年中任何一个 50 年时段的平均温度都高，并且可能至少在最近 1300 年中是最高的。全球大气二氧化碳浓度已从工业化前的约 280 ppm（气体浓度单位：百万分之一），增加到了 2005 年的 379 ppm，该浓度值已经远远超出了根据冰芯记录得到的 65 万年以来浓度的自然变化范围（180～330 ppm）。人类活动（尤其是化石燃料的使用）"很可能"（表示至少 90% 以上的可能性）是导致气候变暖的主要原因。

由于人类活动的影响，自 1750 年以来全球大气中二氧化碳、甲烷和氧化亚氮等温室气体的浓度显著增加，人类活动对全球气候的净影响是增暖的，其"辐射强迫"约为每平方米 1.6 瓦，比 2005 年太阳活动对气候系统的影响（"辐射强迫"约为每平方米 0.12 瓦）高出一个量级。

在 12.5 万年前，北极地区的温度比现在高 3～5℃，南北极冰盖的退缩使海平面上升 4～6 米；如果全球温度比工业化前高出 1.9～4.6℃并且持续千年以上，格陵兰冰盖将全部消失，这会使海平面上升 7 米左右。

观测表明，近 50 年来，大部分陆地区域的强降水发生频率已经上升，极端温度的大范围变化也已经被观测到，热浪变得更为频繁。21 世纪，热事件和强降水事件的发生频率很可能将会持续上升。大约从 1970 年以来，北大西洋热带气旋强度呈现出增大的趋势，与观测到的热带海表温度升高相关。

科学家们用气候模式对未来气候的预估结果显示，到 20 世纪末，全球地表的平均增温 1.1 ~ 6.4℃，海平面上升 0.18 ~ 0.59 米（与 1980—1999 年相比）。在未来 20 年中，气温大约以每 10 年 0.2℃的速度升高，即使所有温室气体和气溶胶的浓度稳定在 2000 年的水平上不变，气温也要以每 10 年约 0.1℃的速度升高。如果 21 世纪温室气体的排放速率不低于现在，将导致气候的进一步变暖，某些变化会比 20 世纪更明显。而随着热带海表温度的升高，未来热带气旋（包括台风和飓风）会变得更强，这会导致风速更大、降水更强。

气候变化对自然环境和人类社会经济的影响

人为因素导致的温度升高可能已经给许多自然和生物系统带来影响，但由于系统自身具有一定的适应能力，同时其他非气候因子也在发挥作用，因此，气候变化的很多影响很难辨别。

●气候变化对自然系统造成的影响

自然系统 冰川湖泊范围扩大，数量增加；多年冻土区地面的不稳定性增大，山区的岩崩增多；南北两极部分生态系统发生变化。

水文系统 许多来水主要靠冰雪融化的河流中，径流量和早春最大溢流量增大；很多地区的湖水和河水温度升高，湖泊和河流的热力结构及水质受到影响。

陆地生物系统 树叶发芽、鸟类迁徙和产蛋等春季特有现象提前出现；动植物物种的地理分布朝两极和高海拔地区推移。

海洋和淡水生物系统 高纬海洋中藻类、浮游生物和鱼类的地理分布迁移；高纬和高山湖泊中藻类和浮游动物增加；河流中鱼类的地理分布发生变化并提早迁徙。

●人为增暖可能已对许多自然和生物系统产生了影响

1）第一工作组第四次评估报告指出，观测到的 20 世纪中期以来大部分的全球平均温度升高，很可能是由观测到的人为温室气体浓度的增加所致。

2）二万九千多条观测资料显示，在所观测到自然和生物系统的显著变化中，有 89% 的变化与增暖有关。

3）温度显著增暖的区域与许多系统发生显著变化的区域在空间分布上非常一致，而这种空间上的一致性很有可能是由气候或系统的自然变率单独造成的。

4）模式研究表明，观测到的某些自然和生物系统的响应是同人为增暖联系在一起的。

●气候变化对自然和人类环境的其他影响

主要包括北半球高纬地区的早春农作物播种、森林火灾和虫害对森林的影响；对人类健康的影响，如欧洲与热浪造成的死亡率变化、某些地区的传染病传播媒介分布变化；北极地区的狩猎和旅行，低海拔高山地区的山地运动等。

由于存在着一些科学上的限制和认识上的不足，目前还无法完全把观测到的变化归因于人为增暖。比如，现有的分析还存在着数量上的不足；区域尺度的变化还不能确定是否是由人类活动所导致的；另外，区域尺度的其他因素（如土地利用变化、污染和入侵物种）也发挥着作用。尽管如此，仍然可以得出高可信度的结论：过去三十年的人为增暖，已经对许多自然和生物系统产生了可辨别的影响。

●未来气候变化的影响

水资源 气候变化对水资源的影响因区域而异。在 21 世纪中期之前，在高纬和部分热带湿润地区，年平均河流径流量和可用水量预计会

增加 10%～40%；而在一些中纬和热带干燥地区，则可能减少 10%～30%。气候变化使冰川和积雪的面积减少，将影响当今世界上六分之一以上的人口的可用水量。同时，受干旱影响的地区增加；强降水事件增多，洪涝风险增大。

生态系统 气候变化和其他因素的综合作用可能会对生态系统造成不可恢复的影响。如全球平均温度增幅超过 1.5～2.5℃，20%～30% 的物种有可能会灭绝；加上二氧化碳浓度增加的作用，生态系统将发生重大变化，对生物多样性、水和粮食供应等多方面产生不利影响。最新的研究表明，二氧化碳浓度增加引起的海水酸化，可能会对一些海洋生物产生不利影响。

农林产品 如温度增加 1～3℃，多数地区农作物产量会下降；而在一些热带地区，小幅度的增温也可能导致农作物产量下降，发生饥荒的风险增大。气候变暖还将加重农业和林业的病虫害，加上干旱和洪涝频率增加的影响，会造成农业生产风险增大。部分地区经济林产量会因温度升高而增加，但森林火险和病虫害等风险也相应增加。

沿海及低洼地区 气候变化和海平面上升使得沿海地区遭受洪涝、风暴以及其他自然灾害的频率加大。人口密集和经济不发达的地区面临的风险更大，如亚洲和非洲的大型三角洲和一些小岛屿。珊瑚礁和红树林等沿海生态系统将受到气候变化和海平面上升带来的负面影响。

工业、人居环境和社会 在一些温带和极地地区，气候变化对工业、人居环境和社会的影响是正面的，而对其他大部分地区则是负面的，并且气候变化越剧烈，负面影响也越强烈。海岸带和江河洪涝平原地区、经济发展对气候资源依赖性强的地区，以及极端天气事件易发地区将变得更加脆弱，而且采取适应措施所需的经济和社会成本也更高。气候变化的影响还会通过社会和经济领域的复杂联系，间接地影响到其他的地区和部门。

人类健康 就总体而言，气候变暖对人类健康的影响以不利为主，数以百万计的人口的健康状况可能会受到影响。但这种影响存在着区域差异，也随温度持续升高的时间而不同，还取决于教育、卫生保健、公共卫生防御以及经济发展水平等相关因素。部分温带地区的气候变暖会带来一些好处，如寒冷所造成的死亡率下降。发展中国家面临的风险更大。

● **未来气候变化对全球不同区域以及国家的可能影响**

对亚洲而言，报告指出，未来20～30年，由于喜马拉雅山地区的冰川融化，预计会增加洪水和岩崩的发生率。随着冰川的后退，将导致江河径流的减少。大部分地区淡水资源将减少，特别是一些大的江河流域。到21世纪中期，考虑到人口增加和生活水平上升，将有十亿多人面临水资源短缺的问题。在人口众多的沿海三角洲地区，洪涝灾害风险增加。21世纪中期，东亚和东南亚地区的农作物可能增产20%左右，而在中亚和南亚，则可能减产30%，少数发展中国家可能会面临饥荒。由旱涝灾害引起的腹泻疾病的发病率和死亡率将会上升，部分地区霍乱发病率增加。气候变化和其他环境问题的综合作用，将给大多数发展中国家的可持续发展带来巨大冲击。

人类对气候变化的适应

全球温度升高的事实已经不可避免，必须要采取适应措施以缓解气候变化的影响。对于某些影响来说，适应是唯一可行和适当的应对措施。在未来几十年内，即使做出最迫切的减缓努力，也不能避免气候变化的进一步影响，这使得适应成为主要的措施，特别是对近期的影响来说。对发展中国家而言，资源的有效利用以及适应能力的建设尤为重

要。虽然一些国家目前已经采取了一些适应气候变化的措施，但仍十分有限。从长远看，如果不采取减缓措施，气候变化可能会超出自然、管理和人类系统的适应能力。气候变化和其他压力的共同作用，进一步加大了气候变化的脆弱性，需要采取更广泛的适应措施和必要的减缓措施，适应和减缓措施的结合能够有效地降低气候变化的风险，可避免、减轻或推迟许多气候变化的影响，但目前对这些措施的局限性及其成本等还缺乏充分的分析和认识。气候变化所产生的影响在不同的区域会有不同的表现，但年际净成本都会随时间的推移和温度的上升而增加。可持续发展能够有效地降低气候变化的脆弱性，但气候变化也可能会影响各国实现可持续发展的能力，因此，未来的脆弱性不仅与气候变化有关，还与各国所选择的经济社会发展路径有关。

气候变化的减缓对策

经济发展导致人类活动排放增加（未来还将持续增加）、大气温室气体浓度升高，造成全球和区域气候变化；为减缓气候变化，必须把大气中温室气体浓度稳定在一定水平上，减少温室气体排放；考虑到减排的潜力和成本，需要采取相应的政策、措施和手段，确保经济社会的可持续发展。

工业化以来，人类活动造成全球温室气体排放总量不断增加；若不采取进一步的措施，未来几十年温室气体排放量仍会持续增长。1970—2004 年间，主要温室气体排放量增加了 70%（1990—2004 年增加了 24%）。人口数量和人均能源消耗的增长是排放量增加的主要原因。预计 2030 年全球二氧化碳排放量将比 2000 年增加 45%～110%。

如果在 2030 年之前采取适当的减排措施，经济成本相对较低，并有可能将排放量控制在当前水平以下。如果采取减排措施，全球排放量每年可减少50亿~310亿吨二氧化碳当量。能源供应、交通、建筑业、工业、农业、林业、垃圾处理等部门都存在减排潜力，其中建筑业、农业、工业和能源供应部门的减排潜力较大。到2030年，若把温室气体浓度控制在445~710ppm，全球减排宏观经济成本将控制在全球GDP总量的3%以下，甚至带来效益，但在区域间差别巨大。对发展中国家能源结构更新进行投资，对工业化国家能源结构进行升级，制定能源安全政策，都能为减排创造有利条件。

如果2030年之后再采取减排措施将会付出更大的经济成本。2030年之后，如果温室气体浓度分别稳定在490ppm（对应升温2.0~2.4℃）、535ppm（2.4~2.8℃）、590ppm（2.8~3.2℃）、710ppm（3.2~4.0℃）、855ppm（4.0~4.9℃）或1130ppm（4.9~6.1℃）二氧化碳当量以下，那么年排放量需分别在2015年、2020年、2030年、2060年、2080年或2090年之前下降。到2050年，若把温室气体浓度控制在490ppm·以下，全球减排宏观经济成本将占全球GDP总量的5.5%；如控制在710ppm以下，全球减排宏观经济成本将占1%。制定减缓对策需考虑减排成本与中长期气候变化负面影响之间的平衡。

目前已经实施了部分减缓政策和措施。如在减缓温室气体排放方面开征二氧化碳税，并且给碳排放定价能够有效推动低碳产品和技术的开发利用。2030年之前把碳价提高到每吨二氧化碳当量20~80美元，2050年之前提高到每吨二氧化碳当量30~155美元，能够使2100年的大气温室气体浓度控制在550ppm左右。政府可通过财政投入、制定标准和利用市场机制等多种手段，在低碳技术的开发、创新和应用等方面发挥重要作用。再如积极发展清洁能源（包括风能、太阳能、生物气体能源等）、推广公共交通。此外，应深入开展生态、可持续发展的人居环境建设，进行废物处置的综合管理等。对发展中国家的技术转让主要

受制于实施条件和财政状况。有效执行《气候公约》和《京都议定书》将对未来的减排行动起到重要的基础和示范作用。

要动员多方资源，如可再生资源的有效利用，克服多重障碍，加快转变经济增长方式，促进可持续发展，减缓气候变化。目前在减缓气候变化的许多层面上还存在着认识空白，特别是在发展中国家。开展有针对性的研究，能够降低不确定性，有利于制定更有效的减缓气候变化政策。

中国国家主席胡锦涛在出席 2005 年 G8 + 5 首脑对话会时提出的"气候变化既是环境问题，也是发展问题，但归根到底是发展问题"的重要论断，阐明了气候变化在可持续发展进程中的重要内涵及其关键作用，是我国开展气候变化研究和决策的基本出发点和落脚点，又好又快地促进我国国民经济和社会的发展。

（原载《气象知识》2007 年第 3 期）

气候变化的挑战——过去、现在、将来

◎ 丁一汇

千万年来，地球的气候在不断地变化着，但地质年代的气候变化总体上是缓慢的，而现代气候变化是快速的，它比地质年代的气候变化速率一般要快 1000～10000 倍。二氧化碳是气候变化的一个关键驱动力。

近百年的现代气候变化是由自然的气候波动与人类活动共同造成的，而近 50 年的全球变暖主要是由人类活动造成的。这种科学的共识促成了国际政治层面重大决策的产生，即制定了《联合国气候变化框架公约》与《京都议定书》。

气候变化对中国的生态系统和国民经济产生了明显影响，正负面影响皆存，但负面影响会加剧。超过临界值的气候变暖对中国来说，主要不是"福音"，而是"灾害"或"灾难"。

应对气候变化的科学发展观在国家、部门与企业和个人三个层面上是一致的。中国政府面临发展和减排的双重任务；社会经济部门与企业既面临着水资源、农业、海平面、重大工程建设等方面的安全问题，也担负着发展高新技术、加快新能源研究的重大任务；个人要尽一切努力节约能源，改变消费模式和习惯，树立牢固的保护环境的意识。

全球气候变化的"前世今生"

在地球气候演变的地质年代，地球上的气候有过很暖的时期，那时，大气中的二氧化碳浓度很高，曾达到过 3000～7000ppmv（ppmv，指同温度同气压下其体积占空气体积的比例为百万分之一）。

但在 1 亿年前也曾出现了三次大冰河期，分别发生在 22 亿至 24 亿年前、6 亿至 7.5 亿年前和 2.8 亿年前。那时，万里海洋一片冰封，通过冰—反照率反馈机制，最后全球都被冰封，成了冰雪的海洋。

后来，大陆漂移、板块碰撞使地壳变形，同时又有火山爆发，其排放的二氧化碳"闯入"大气，使大气中二氧化碳的浓度增加。由于二氧化碳产生温室效应，并且风吹降尘，染黑冰盖，减少了阳光反照率，地表温度上升到了一个临界值，冰冷坚硬的冰层开始融化。从此，气候变暖增强并扩展到全球，最后整个地球成了无冰的"水球"。直到 1 亿年前左右，地壳板块运动减慢，地球上的气候才进入稳定状态。

6500 万年前，白垩纪结束，温暖的气候也随之结束了。此后，地球气候不断变冷。到了 250 万年前，气候十分寒冷。但在 6000 万年前以来的气候变冷期，总体上气候比今天暖，二氧化碳浓度比今天高。

由上述可见，无论在任何时期、有任何起因，地质资料都告诉我们，二氧化碳与温度以相同的趋势在演变，二氧化碳是气候变化的一个关键驱动力。

人类排放的二氧化碳是地球气候变化在近代的一个新的驱动力。观测结果表明，工业化以来，大气中的温室气体明显增加，目前二氧化碳的浓度达到了 42 万年来的最大值，而 20 世纪也是过去 2000 年中最温暖的 100 年。地质结构（如板块运动）和火山爆发、温室气体的变化

（自然产生和人类活动产生的）、气候系统内部的变化等，共同推动了地球现代气候变化。

根据米兰科维奇循环理论，气候平均具有周期为10万年左右的"冰期—间冰期"循环。这种自然的循环强迫可在几千年时间的尺度上影响关键的气候系统，如全球季风、全球海洋环流、大气的温室气体含量等。我们目前处于末次间冰期后期，但其将向冰期演变的冷却趋势却不会减缓现代全球变暖的步伐。科学家们指出，至少在3万年之内地球不会自然地进入下一个冰河期。

人类活动：现代气候变化的一种主要驱动力

在关于气候变化成因的认识方面，IPCC（政府间气候变化专门委员会）加快了前进的步伐。IPCC第三次评估报告（2001年）指出，新的、更强的证据表明，过去50年观测到的大部分增暖"可能"归因于人类活动（66%以上可能性）；而其第四次评估报告（2007年）指出，人类活动"很可能"是气候变暖的主要原因（90%以上可能性）。

有三方面的证据，让躲在工业化排放二氧化碳增加背后的"真凶"显露原形，它就是化石燃料的燃烧。首先，南极和格陵兰冰芯记录表明，在工业革命前后，大气中二氧化碳开始迅速增加，从那以后，其浓度变化大致与化石燃料消耗的增长率相近；其次，北半球大气二氧化碳浓度比南半球的要高一些，因为大多数强排放源位于北半球；最后，大气中氧含量每年减少3ppmv，这与大气中二氧化碳的增加是相对应的，因为二氧化碳是燃烧的产物。

气候变化超过临界点:"灾害"而非"福音"

通过气候模式,专家预测出不同排放情景下的增温结果——地球将进入一个更温暖的时期。在多个温室气体排放情景下,本世纪末全球平均升温幅度大致为 1.1~6.4℃。在低排放情景下,升温 1.1~2.9℃;在高排放情景下,升温 2.4~6.4℃。陆地上和大多数北半球高纬度地区的增温最为显著,而南冰洋和北大西洋的增温最弱。高纬度地区的降水量可能增多,而多数副热带大陆地区的降水量可能减少。

全球气候变暖对未来自然生态和经济社会发展将产生长期、显著的影响。气候变化的影响有正面和负面的,但其负面影响更值得关注。研究指出,当温度上升到一定程度时,气候变化的影响以负面为主,《联合国气候变化框架公约》中称其为温度阈值,相当于气候变化的"警戒线"。一旦超过这个"警戒线",生态系统的平衡将受到威胁,粮食安全不能保障,就会影响人类社会的可持续发展。

全球气候变暖如悬在人类头上的"达摩克利斯之剑",威胁着人类的生存和发展:

它将导致水资源时空分布失衡的矛盾更加突出,部分地区旱者愈旱、涝者愈涝。它和其他因素综合作用对全球生态系统将造成不可恢复的影响,若全球平均温度增幅超过 1.5~2.5℃,约 20%~30% 的物种有可能会灭绝。

它将导致农业和林业生产自然风险加大,大范围严重饥荒出现概率增大。若全球地表气温增加 1~3℃,将造成全球降水分布失衡,极端气候灾害增多、影响加重,导致农业生产自然风险加大,多数地区农作物产量下降。

它将导致海平面上升，沿海地区遭受洪涝、风暴、咸潮以及其他自然灾害的频率加大，严重影响沿海及低洼地区的经济社会发展和生态安全。

它将导致突发公共卫生事件增多、增强，严重威胁人类健康。全球地表温度升高，导致热带常见流行病发生范围向高纬度地区扩展，鸟类迁徙路径和动物生活习性的变化导致应对人禽、人畜共患疾病的难度加大，高温热浪、雾、霾等极端气候事件以及大气臭氧浓度降低、光化学烟雾等极端环境事件增多、增强，威胁老人、儿童、病患等弱势群体的身心健康。

气候变暖对中国来说，主要不是"福音"，而是"灾害"或"灾难"。从1986年冬季开始，中国已连续经历了21个"暖冬"；强降水事件的发生频率增加；自20世纪60年代以来，全国每年阴霾天气发生的总频次呈明显增加趋势；1955—2005年黄河源和黄河上游年平均流量均呈显著减少趋势；大部分冰川融化退缩；草原面积不断减少……如不采取应对措施，到2030年中国种植业产量可能会减少5%～10%，未来中国水资源供需矛盾可能会加剧。

应对气候变化：该出手时就出手

对于气候变化，越早采取有效的减缓措施，经济成本越低，减缓效果越好。这是英国经济学家斯特恩给人们的忠告。

若不采取进一步措施，未来几十年温室气体排放量仍会持续增长。但对中国这样一个发展中大国来说，适应气候变化同样重要。

对中国来说，首先要适应气候变化，加强防灾减灾能力建设，建立重大气象灾害的监测、预测和应急保障系统，把气候变化可能造成的损失降到最低。大多数发展中国家抵御气候变化负面影响的能力较低，脆

弱性偏高。对人口稠密、经济发达的大城市来说，一旦灾害来临，及时、有效的应急系统可保持社会稳定，减少经济损失和人员伤亡。

发展低碳经济，实施可持续发展。调整能源和产业结构，提高能源利用效率；大力发展低碳技术，用低碳或零能源新技术代替高碳化石能源，使我国在发展经济的同时，达到保护环境的目标。我国气候资源丰富，开发利用潜力巨大，应扩大太阳能、风能、核能、水能等的利用规模，提高利用水平和利用效益。

坚持"发展、适应、减缓"并举的理念，改变生产和消费模式。要继续转变经济增长方式，通过提高能效、改善和转变能源结构等措施减少温室气体排放。以调整经济结构为先导，以改善消费结构和生产生活习惯为着力点，合理控制全社会能源消耗。采取农业结构调整、生态建设、环境保护等综合措施，建设资源节约型和环境友好型社会。

树立牢固的保护环境的科学意识，积极节约能源，改变个人的生活和消费方式，实现国家、部门和企业、个人（公众）在不同层面、同一目标下协调一致的行动。

中国是遭受气候变化不利影响较为严重的国家之一。反观中国的排放问题，要注意以下三个因素：一是中国属于发展中国家，正处于工业化、现代化的进程中，城乡、区域、经济社会发展仍不平衡，人们生活水平还不高，中国目前的中心任务是发展经济、改善民生；二是中国人均排放较低，人均累积排放更低，而且排放总量中有很大一部分是保证人民基本生活的生存排放；三是由于国际分工变化和制造业转移，中国承受着越来越大的国际转移排放压力。

（此为中国工程院院士丁一汇于 2009 年 4 月 23 日在中国气象报社主办的"气象大讲堂"上的报告）

（原载《气象知识》2009 年第 6 期）

漫话气候变暖

◎ 虞 江

近年来，气候变暖成了新闻媒介和公众的热门话题，而气候变暖的原因及如何控制气候变暖趋势则是各国气候学家正在研究、有关政府部门也十分关注的问题。由于大气具有全球共存性，任何一个地区的大气污染物都可能传播到其他地区，任何一个角落对保护大气层都负有不可推诿的责任。所以 1988 年在国际上成立了政府间气候变化专门委员会（IPCC），随后国内也成立了气候变化协调委员会，其目的在于组织和协调各方面的专家弄清气候变化的事实和科学论据，估计气候变化对人类社会的影响，制定控制气候变化进程的有效对策。

气候是变冷，还是变暖？

气候是变冷，还是变暖这个问题，在气候学界一直存在着两种不同的见解。

回顾地球历史的长河，曾有过长达百万年至数千万年为周期的冰期和间冰期的气候变化，冰期里气候寒冷，间冰期里气候温暖。

纵观我国近五千年来的气候冷暖变化，也经历了殷末周初（公元前 1000 年）的寒冷期，春秋战国、秦和西汉（公元前 770 年—公元 25 年）的温暖期，东汉、三国、晋、南北朝（公元初—600 年）的寒冷

期，隋、唐和五代（公元581—960年）的温暖期，宋代（公元1000—1200年）的寒冷期，元代（公元1280—1368年）的温暖期和明、清（公元1400年）以来的寒冷期。近500年来的冷暖期起讫时间为：

冷	暖	冷	暖	冷	暖	冷
1530	1620	1730	1810	1900	1950	（年）

以气候变化自身规律为根据的科学家认为，历史气候一直处于冷暖期交替变化状态之中，一个时期变暖，一个时期变冷。地球气候将逐渐变冷，可能进入另一个小冰河期。在我国，20世纪60年代后期至70年代初期最冷的观测事实，曾经作为这种观点的佐证。

还有另一种观点，认为当前气候变化的主要因素是人类活动的影响。大气中的CO_2及其他微量气体对短波辐射没有多大影响，但在长波辐射波段却有很强的吸收带，因此，对地面气候起到类似温室的作用，所以通称温室气体。20世纪中期CO_2浓度约为280ppm（百万分之一体积），甲烷浓度为0.7ppm；目前CO_2浓度已增加到350ppm以上，甲烷浓度达1.65ppm。这一百多年来CO_2浓度增加了四分之一，甲烷增加了一倍多。相应地，自1850年至今，两个半球的温度均在缓慢地上升，全球平均约上升0.5℃。尤其是20世纪80年代全球气温上升更趋明显，1980—1984年是有气象记录以来最暖的5年，1987年是1850年以来全球气候最暖的一年。由于全球人口仍在迅速增长，人类活动还在全球范围内继续恶化大气环境，大气污染与温室气体会继续增长。而且这些温室气体在大气中的生命周期是一百年左右，它们今天被释放到大气以后，难以收回，将对今后一百年内气候变化产生影响。所以这派气候学家预言，21世纪将是一个炎热的世纪。这种看法已为更多的气候学家赞同和接受。

大气污染

气候变暖是利，还是弊？

　　世界未来气候如何？科学家们用现代科学方法对此进行了预测。尽管运用数学模型预测的精度不高，还有某种不确定性，但多数的看法是：未来气候将进一步变暖。到 2030 年大气中温室气体的总影响可能达到相当 CO_2 浓度增加一倍的程度，到那时地球表面平均气温估计增温 $1.5 \sim 4.5℃$。这是一个十分惊人的数字，它已达到或超过过去 1 万年人类历史时期气候变化可能达到的幅度。增温幅度冬季大于夏季，高纬大于低纬，这就使得南北地区的温差减小，经向大气环流减弱，全球降水的地理分布将发生很大变化。CO_2 浓度加倍时全球降水量可能增加 $7\% \sim 11\%$。最大变化出现在 $30°N \sim 30°S$ 之间。赤道地区全年降水增

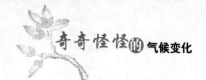
加，相邻纬度则可能少雨，至少在某些季节少雨。北半球夏季中高纬度土壤趋于干燥。而半干旱的热带占世界土地面积的 13%，对降水依赖很大，不大的降水变化就可能对农作物产量有很大影响，连续几年的干旱就会造成非常严重的后果，20 世纪 80 年代初非洲的饥饿就是典型的例子。

CO_2 浓度增加，将促使植物增加碳水化合物，这可能使大多数农作物增产，但是威胁农作物生长的杂草也会增长。

随着温度的升高，气候带将会往北推移，作物生长期也将较现在延长，全球生态系统将因之而改变。从全球来看，CO_2 浓度加倍所带来的气候变化将使森林覆盖面积从自然植被的 58% 减少到 47%，沙漠面积从 21% 扩展到 24%，草原面积从 18% 增加到 29%，苔原面积从 3% 减为零。

气候变暖的另一个直接影响是海平面高度变化。目前海平面高度正以每年 1 毫米的速度上升，随着 CO_2 浓度增加，温室效应增强，海水会由于升温而膨胀，南、北极也会因气温明显升高而造成冰盖的消融，这二者的共同作用将使海平面升高。到 2030 年，估计温度上升 1.5～4.5℃，海平面就可能上升 20～165 厘米，取中值温度上升 3℃，海平面则可能上升 80 厘米。世界上大约有四分之一的人口生活在沿海岸线 60 千米的范围内，届时海水将会侵吞沿海城市和大片农田。难怪 1988 年 6 月在加拿大多伦多有三百多名代表参加的关于人类活动对未来环境、气候以及社会活动的影响的国际会议曾向全世界发出警告："人类正在进行一次失去控制的影响全球的试验，其最终后果可能是仅次于一次全球核战争。"

气候变暖的对策是适应，还是限制？

在多伦多国际大气会议上，挪威首相布伦特兰呼吁建立一套"新的全球道德规范"，会议敦促各国政府尽快实施"保护大气层的行动计划"，阻止地球大气层质量恶化。采取的对策是适应还是限制，也是国际讨论中的一个热点问题。目前许多环境学家、气候学家和政府官员认为，最重要的问题是减少温室气体的产生，限制温室效应。提出到 2005 年，把向大气输送的 CO_2 量减少到 1988 年的 20%。减少燃烧矿物燃料的办法，是用太阳能、风能、潮汐能及核能代替。另一种办法是在排入大气之前滤掉温室气体，使之转化为碳化合物，从技术上讲，这是可以办到的，不过要在全球实现这个计划也要几十年的时间。全球范围大量植树造林，保护自然植被，可以吸收一部分大气中的温室气体，减缓气候变暖的进程。另一部分学者认为，在今后的年代里我们已经不可避免地面对明显的全球气候变化。到目前为止，人类活动所导致的温室气体含量升高将持续几个世纪，不论我们采取什么措施，都将改变地球的气候。气候变化相对来讲是缓慢的，人类社会有可能逐步适应。对于农业来说，培育抗热和抗旱型农作物，改进耕作技术，以便在气候变化时用它们逐步取代传统农作物。在适应全球气候变暖问题上，另一个重要的问题是海岸防护。为此，需要逐步调整水文基础设施——航道、堤坝、运河、河道等。大片国土海拔高度位于海平面以下的荷兰，在过去 30 年内花费了 150 亿美元在海岸防护上，即建立堤坝，海岸堆积沙桩以加固沙丘，修改河道及运河，以防止海水渗入土壤并毁坏淡水供应和淹没低洼地带的农田。荷兰的经验，对世界其他许多国家来说是具有指导意义的。

（原载《气象知识》1991 年第 1 期）

奇奇怪怪的气候变化

几家欢乐几家愁——暖冬的利弊

◎周　婷

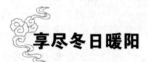

享尽冬日暖阳

没有凛冽的寒风，我们尽情地享受着冬日的阳光，暖冬的确为社会生活带来了一些便利。

暖冬有利于节约能源，一定程度上降低了交通运输、农田水利建设、居民采暖设施和大棚蔬菜等方面的建设成本，中国气象局国家气候中心对2005—2006年冬季北方采暖能耗进行的评估表明，北京、河北、山西、陕西、甘肃和青海冬季偏暖，采暖能耗相应较常年同期减少2%～5%，其中青海冬季偏暖明显，采暖能耗减少了21%。能耗减少，供暖排放也会相应减少，从而使大气污染程度减轻。

温暖的气候还为人们的户外作业、户外活动和外出旅游提供了相对有利的气候条件。气温偏高还有利于牧区牲畜安全越冬，促进农作物的生长发育。

心忧炭贱愿天寒

温暖如春的冬日，却温暖不了靠寒冷天气赚钱的商家，滑雪场无雪可滑，公园的冰场变成了水塘，各大商场冬装滞销。美国联邦储备委员会公布的报告显示，受异常暖冬天气的影响，美国公共事业企业生产下降了 2.6%。

最令人关注的是，由于暖冬，原油需求减少，美国汽油及柴油的库存都增加了，纽约、伦敦全球两个主要交易所油价大幅下跌，世界经济也与之同冷暖。

尽管暖冬对全球经济的影响尚缺乏系统研究，然而这位"不速之客"无疑改变了原有的经济环境。暖冬对经济影响比较明显的现象有油价下降、耐寒商品滞销、滑雪等旅游业不景气等，但其对全球经济新秩序的影响更为深远。世界银行前首席经济学家斯特恩先生主持的一份研究报告称，气候变暖将使世界国民生产总值减少 20%，全球可能因此而陷入经济衰退。他建议今后应花更大的气力来应对气候变暖对经济的影响。

"病毒宝宝"成功越冬

不少人以为，"气温高了，天气暖和了，生病的人就会减少"。其实不然。全球变暖和暖冬，反而会导致人的御寒能力和抗病能力明显减弱！

冬季不冷，就不易冻死那些越冬的病菌，包括那些飘浮于空气中以及散落在灰尘、物体上的微生物。在条件恶劣、不适合生存的寒冬，它们会以不同的生命形态休眠；然而一旦感受到适宜的温度、湿度等有利环境，它们就会马上生长繁殖。此外，目前室内普遍同时使用空调和加湿器，空气中的水汽增多，加上合适的温度，一些霉菌、细菌都会有所萌动。空气中有害微生物进入呼吸道，人就会染上疾病，对老人、儿童等体弱者而言更是如此。

动物失眠

　　暖冬在某种程度上还会打乱动物的生物钟，比如在爱沙尼亚，由于出现 200 年来最温暖的冬季，有些野生熊提前从冬眠中醒来。俄罗斯一家动物园中也出现类似现象，还有的熊干脆不再冬眠。上海野生动物园里，几条国家一级保护动物扬子鳄也是迟迟不见有打洞冬眠的意愿。许多候鸟是根据温度来启动越冬迁飞的，如果冬天变暖，气温无法低至一定程度，它们得不到温度信号，其迁飞行为就会推迟。如在中国，大批野鸭因为气温过高迟迟没有迁徙，而北京什刹海野鸭岛上的野鸭开始提前下蛋。这种气候条件下，如气温突然变低，这些动物就会有被冻死的危险。

　　暖冬对昆虫的繁殖同样会产生影响。例如，蝗虫等昆虫一般会在冬天产下最后一批卵，而这些卵本应在来年春天发育成成虫。当冬天气温过高时，这些卵就可能提前发育成成虫，并进行交配。结果导致该种类昆虫多出一代，最终可能导致该种类的数量激增。暖冬导致虫卵提前发育，还可能造成另一种结果：如果虫卵在发育过程中突然遭遇寒流，那么它们就很可能被冻死，结果导致该种类昆虫少了一代，最终可能造成该种类的灭绝。

暖冬的其他弊端

　　暖冬的效应不仅局限于前文所述，对社会系统和自然生态系统还有多方面的影响。

　　农作物的"揠苗助长"： 持续温暖的气候条件使有些地区的作物生

长过快，从而影响作物的产量和质量。气温持续偏高，促使北方冬小麦旺长，南方油菜旺苗，抗寒能力降低，赶上春季低温就容易受冻害。除此之外，随着气温明显偏高，会造成蒸发量增大，不利于土壤保墒，使干旱加剧。

生态系统"贫富不均"：中山大学彭少麟教授的研究团队的相关研究表明，暖冬会加剧外来物种的入侵和有害植物的暴发。温度升高对薇甘菊、金钟藤等的种子萌发和幼苗生长有明显的促进作用，对外来物种的化感作用有强化效应，从而有利于这些外来物种的成功入侵。

物种的"性别错乱"：蛇、蛙、鳄鱼、海龟等两栖类和爬行类动物的后代性别是由温度决定的，当气温上升到一定程度后，就可能出现一些动物的后代全是雄性或全是雌性的现象，结果某些动物的繁殖能力就可能特别强，而某些动物的繁殖能力则会特别弱。

城市大气环境"雪上加霜"：汽车尾气、工厂废气等的排放日益严重地污染着城市的空气，而在温度高、冷空气活动弱的天气情况下，从地面到1500米空中会形成"逆温层"，就像一个隔离层，阻挡了地面发射辐射的热量以及污染物的扩散。如果碰上空气湿度比较大，污染物还会附着在水分子表面形成雾，使大气透明度降低。

（摘自气象出版社出版的《全球变化你感受到了吗》一书）

环境蠕变浅谈

◎ 王涓力

日常生活中，经常听到有关环境恶化的消息，有全球范围的，也有局部区域的，对于其中的绝大多数而言，环境的变化都是一种低幅度的、长期的累积过程，包括空气污染、酸雨、全球变暖、臭氧损耗、热带森林退化、海岸污染、红树林毁灭、土壤侵蚀、土地荒漠化、干旱、饥荒以及核物质积累和废物堆积等。

什么叫做环境蠕变

1994 年由美国大气科学研究中心资深研究员 Glantz 博士主持召开了"环境蠕变现象及其社会响应"的国际学术研讨会，参加会议的国家有美国、加拿大、埃塞俄比亚、摩洛哥、南非、俄罗斯、乌兹别克斯坦、澳大利亚和巴西。这次研讨会上，Glantz 首次提出了"环境蠕变"的概念，与会专家们讨论了地球系统中涉及众多的环境蠕变现象。

环境蠕变是指在地球系统环境变化中，那些由人类活动对自然生态环境的改变为原动力造成的自然环境的退化现象。

其主要特征就是"蠕变"，即变化幅度小和变化速率慢，初期影响的空间范围不大，对人类社会产生影响的时间尺度相对较长，也就是说，今天的生存环境没有比昨天糟糕多少，而明天也不会比今天有多大的不同。

然而，这些渐增的环境变化经过长时间的累积，当超越某一临界阈值后，这种觉察不到的日复一日的变化就会叠加在一起导致环境较大的退化。如果一如既往，不采取任何行动，那么，那些渐增的变化将会继续累积直到全面的环境危机爆发。例如，在东南亚沿海的红树林中开拓出一小片来围一个虾塘，不一定就能预示该生态系统的毁坏，然而，如果在同样的地方不断地去围许多个虾塘，那么旺盛的红树林生态系统最终将导致毁灭。

对于各种环境蠕变问题中的每一种，都存在一个可确认的临界阈值，然而识别临界阈值非常困难，尤其是在其到达之前。

环境蠕变的一些事例

咸海水位下降

地处中亚的咸海自 20 世纪 60 年代初期开始至今，水位已经下降了 14 米多，其原因是从该区域两条主要河流——阿姆河与锡尔河引出的水量不断增加，用于灌溉日益扩展的棉田。20 世纪 80 年代中期，前苏联政府公开承认这一环境问题并请求国际社会援助。

公开化后，人们才开始认识到许多观点早已揭露了这一问题。早在 20 世纪 60 年代初期一些坦率直言的前苏联科学家就在《苏联地理杂志》上发表文章，认识到中亚大面积开垦的棉田灌溉会带来潜在的生态问题。

事实上，环境变化成为环境退化及退化已到了危机状态的征兆已经能够观察到：20 世纪 70 年代末期锡尔河不能到达咸海；源于咸海东南沿岸干涸湖床的"白色"沙尘暴强度和频率不断增加；以及从两条河

流中引出的水量日益增大。但是，其中没有一个征兆能够促使人们采取行动，而且对于挽救逐渐干涸的咸海人类至今也没有采取实际有效的措施。

平流层臭氧的损耗

20 世纪 70 年代中期，氟氯碳化合物（CFCs，俗称氟利昂）对平流层臭氧的潜在破坏已经开始有所认识。接着在 70 年代末期，一些国家（美国、瑞典、挪威、丹麦和冰岛）颁发了一系列禁止氟利昂用于气溶胶罐的禁令，而有些国家（例如，英国）却对氟利昂使用禁令持怀疑态度。而氟利昂在制冷物和泡沫吹剂方面的使用禁令没有引起任何国家的兴趣，因为没有有效的替代物，甚至寻找其替代物还没有列入制造商的计划中。

20 世纪 80 年代中期，随着科学研究的累积，这一问题被公开承认，甚至先前对氟利昂使用缩减要求持强硬反对态度的人们也认识到了这个问题。全世界范围开始采取行动，《维也纳公约》和《蒙特利尔草案》分别在 1985 年、1987 年签署。

荒漠化

自从人类文明开始，人类社会就一直在对付风蚀、水蚀、土壤的盐渍化、水涝等灾害，而包含所有这些过程的"荒漠化"概念，直到 1949 年，才由 Henri Aubreville 在他的经典著作——《非洲的气候、森林和荒漠化》中提出来。联合国正式承认全球尺度的荒漠化问题是 1977 年在肯尼亚首都内罗毕召开的联合国防治荒漠化大会上。然而，从那时起，受荒漠化影响的国家所做的防治荒漠化的努力并没有取得实质性的进展，干旱半干旱地区对荒漠化的兴趣在干旱持续时期有所提高，而干旱过去之后却又无人问津。

1992 年 6 月，在里约热内卢召开的联合国环境与发展大会——地球峰会上，非洲各国政府要求出台防治荒漠化公约，联合国承认荒漠化是全球范围问题，影响到世界所有区域，需要国际社会联合行动，防治荒漠化被列为国际社会优先采取行动的领域。1994 年 10 月《防治荒漠化公约》签署。

全球变暖

科学界担心化石燃料的燃烧，以及人类的其他活动所产生的温室气体（二氧化碳、甲烷、氟氯碳化合物和氮氧化物）持续增加会改变地球的气候。虽然在 19 世纪 90 年代中期就开始认识到温室气体增加可能是个环境问题，然后不同的科学家在 20 世纪 30 年代中期，继而 50 年代中期都提出这一问题，但是每次提出的观点都被科学界驳回。认为即使人类活动有引起气候变化的可能性，它也不会造成环境灾难，而是一种有利的潜在因素，可以阻止下一个冰期的爆发，或者看作是一个人类对大气的试验。

直到 20 世纪 70 年代中期科学家们才有了危机意识并且开始提出问题：全球变暖是否会对世界各国有负面的影响？80 年代新闻媒体和政界对这一问题的关注程度有所上升。在 1992 年的地球峰会上，许多国家签署了几年前就开始起草的《气候变化公约》，全球开始采取行动。公约于 1994 年 3 月 21 日正式生效，50 个国家同意遵守公约中的条款。

热带雨林退化

20 世纪 60 年代，当多条公路穿过亚马逊雨林时，人们开始关注热带雨林和居住在那里的印第安人。70 年代，世界粮农组织对热带雨林的退化做出评估，将雨林退化作为环境问题的相关文章也相继出现。在巴西朗多尼亚州（Rondonia），雨林退化迅速，卫星遥感图像显示出原始森林中的"人"字形公路图案，人们开始有危机意识。热带雨林退化作为一个正在发生的负环境变化，引起了全世界的关注。这种关注带

来了全球的行动，在 1992 年的地球峰会上提出了《森林保护公约》。

饥荒

饥荒是由于气候或经济因素导致食物缺乏的现象。饥荒过程一般持续数月到几年，尽管与全球变暖、臭氧损耗甚至热带雨林退化相比，时间尺度相对较短，但它也是一个环境蠕变问题。饥荒从一开始就困扰着全球各个国家，但是只有当饥荒全面爆发，伴随着成千上万人死于饥饿之时，才引起人们的注意。伴随着 20 世纪 60 年代、70 年代的"绿色革命"，人们意识到要从变幻莫测的天气和气候变化中保护农业生产。尽管在农业生产中不断采用先进的生产技术，但饥荒仍旧在发生。看来绝大多数饥荒的发生是长期干旱与人类自身冲突共同作用的结果。各国政府宁愿去对付饥荒也不愿意去面对饥荒发生之前出现长期饥饿的根本原因。解决长期饥饿需要对一个社会内部的政治、经济、文化进行重新调整，而对于政府，做这样的重新调整比结束一次具体的饥荒事件要困难得多。

环境蠕变的持续原因

对于环境蠕变问题的认识有几种状态：即认识到一个正在持续的环境变化已经导致环境退化，成为一个环境问题；认识到这个问题已经发展到危机阶段；认识到应该对这个环境问题采取全社会的行动。在意识到环境的变化已经是环境退化之前，社会对此没有采取有效措施无可厚非，但是一旦认识到这种变化已经导致环境退化，政府就应该对这种逐渐的变化有所思考了。

但对于每一种环境蠕变问题，科学上都存在某种程度的不确定性，这不可避免地使社会的危机意识模糊，全球行动延缓。例如，对荒漠化的评估，有科学家认为，受荒漠化影响的土地面积在 20 世纪 80 年代已经减少；关于臭氧层损耗，一个大多数科学家认同的环境问题，尚有一小部分人持相反观点。如此，对于大多数的环境蠕变问题（全球变暖、臭氧层损耗、荒漠化及热带雨林退化），一直存在少数相反的声音，但通常大声地干扰着科学界用已知的事实对将来未知的判断。对于公众、政策制定者和新闻媒体而言，出现在专业学术刊物、报纸以及电子媒体上的科学界内部的公开争论使他们对那些该采取应对措施的问题持观望态度，而我们正期待社会对其作出响应，科学上的不确定性不应该成为回避问题的借口。

很清楚的是，不同的环境蠕变问题有不同的时间尺度：全球变暖和臭氧层损耗的时间尺度在几十年到几百年，森林退化和荒漠化在几年到几十年内发生，饥荒与干旱仅发生在数月到几年里。环境蠕变还有空间尺度问题，有些可能是全球性的原因（如温室气体排放），全球性的影响（如臭氧层损耗）或者引起全球性的关注（荒漠化）。关于全球变暖，不管是工业燃烧废气还是生活燃烧废气，各个国家都在排放温室气体。关于损耗臭氧层的 CFCs，只有一成左右的企业对他们的产品负责，尽管平流层臭氧的破坏是全球性的。当荒漠化的面积直线上升但是并没有超出或直或弯的国界线时，荒漠化可以看作是一个国家的问题，但是作为一个实例，非洲的荒漠化已经引起了全世界人们的关注。

除非公众对一种环境蠕变问题引起的后果很担忧并且预见到这些后果有出现的极大可能性，否则社会很可能不采取任何行动。对全球变暖问题认识的历史很能说明这一点。从 19 世纪 90 年代开始后的几十年，大多数科学家将燃烧煤而引起的全球变暖看作是一种正面效应，认为这样可以延长下一个冰期的到来。因此，尽管当时认识到了环境的变化，但并没有将其看作是一个环境问题。在 20 世纪 70 年代中期，有人曾提议用 4 倍工业化前的 CO_2 进行气候模拟试验，但是人们认为，那种情

景出现的可能性很小，结果试验没有进行。接下来人们担心大气中的 CO_2 会增加到工业化前的 2 倍。尽管 CO_2 加倍没有任何显著事实，但是这种想法引起了社会的担忧。20 世纪 70 年代末期，科学家们提出南极冰原西部有融化的可能性，结果将导致海平面升高 8 米左右。进一步的研究否定了这种事件发生的可能性。另一个担忧是由哥伦比亚大学拉蒙特（Lamont-Doherty）地球观测台的 Wallace Broecker 提出的洋流突变现象，作为对环境日益变暖的响应，几十年后可能会出现洋流突变，这种变化会扰乱区域和全球气候。由于前面提到的几个应该引起人们担忧的情景并没有引起人们的足够关注，少数持怀疑态度和反对意见的人们对这一问题仍表现出强烈的反对。尽管存在争论，但各国政府正在通过联合国政府间气候变化专门委员会（IPCC）进行相关合作。

必须意识到对于全球变暖或臭氧层损耗这样的环境蠕变问题，预先可能不会有容易识别的变化临界值。正如前美国副总统戈尔时常所说："我们就像实验室里的青蛙一样，掉进一锅沸水中会立刻跳出来，但是放在微温的水中再慢慢烧热，就会一直待在那里直到有人把它救出来。"

对环境蠕变问题不采取措施存在很多理由。影响政府做出响应的另外一个因素是绝大多数环境问题并不以显而易见的方式影响整个国家。结果，只有直接面临本地环境退化的人们才直接关心这个问题，而政府很可能不把它列入急迫解决的问题中。

在高成本的危机响应变成唯一选择之前，对环境蠕变过程以及社会对其响应的进一步认识能够使我们以一种最佳的方式去应对这些问题。但是不要将环境蠕变持续的原因只归结为一种因素，因为许多因素间的相互作用能加速环境的退化。政府很容易由于各种学科（如政治学、经济学、心理学等）观点中的某一个而放弃对环境蠕变问题采取应对措施。这些观点中的每一个都会给社会提供如何应对环境蠕变问题的认识。但是如果将各学科的观点单独拿出来，那么它具有一定的片面性，依据这样的观点极有可能导致对环境蠕变的响应不足。

我们可以做什么

科学家们必须找出应对环境蠕变的办法，不仅仅是对影响自己国家的，同时也要考虑其他国家。在评估环境蠕变的过程中，我们应该着重加强局地区域的科研能力，使他们能够对付自己的环境问题。这会使第三世界的科学家们加入发达国家科学家的行列去研究这些不知不觉的环境变化。如果各国政府希望实现可持续发展，那么环境蠕变问题必然是他们面临的直接挑战。阐述环境蠕变的特征以及社会对其的响应，目的是帮助政府和社会对环境蠕变做出及时和明智的应对措施。通过这种方式，政府或许能够避免被迫进行昂贵的临界危机治理，而对于危机，有许多我们准备不足之处。（摘译自 Science Essay June，1994）

（原载《气象知识》2005 年第 6 期）

气候的"刻度"

◎ 史文贵

  "刻度",《现代汉语词典》中这样解释说:"量具或仪表等器具上所刻或所画表示量的大小的条纹。"其实,和我们天天相伴的气候,也是有"刻度"的。气候,是指一个地区、一定时间内的天气特征,其冷热程度等也是有"量"的变化的,当然也就有"刻度"了。这种刻度虽然看不见、摸不着,但它也和量具上的刻度一样,是人类所赋予的并真实存在着的,它是人类社会几千年文明的结晶。

  在一年内,气候按暖、热、凉、寒的变化,可分为春、夏、秋、冬四季,这四季就是4个大的粗线条的气候刻度。经孔子删修编定的我国第一部编年体史书《春秋》中,就已有许多关于春、夏、秋、冬的记载。细究起春、夏、秋、冬等气候刻度的起源,至迟可以上溯到距今约4000多年的夏朝。这是因为,标有气候刻度的"农历",就诞生于夏朝,故又名"夏历"。夏历的诞生告诉人们,春、夏、秋、冬应该是当时夏人最起码的概念。到商朝时,农历已有了12个刻度——12个月,也就是按照气候的变化,又将春、夏、秋、冬这4个刻度再各自细分为三,即后人所说的按孟、仲、季三分四季,如孟春、仲春、季春、孟夏、仲夏、季夏等。到了春秋战国时期,人们已经测定了立春、春分、立夏、夏至、立秋、秋分、立冬、冬至8个节气,除12个月之外,又增加了8个刻度。战国末年,古人为了适应气候、指导农时,在4季8节气的基础上,按照太阳在天球黄经的位置,将一回归年等分为24个节气，即除 8 节气之外，又增加了雨水、惊蛰、清明、谷雨、小满、芒种、小暑、大暑、处暑、白露、寒露、霜降、小雪、大雪、小寒、大寒等 16 个刻度。这样，用这 24 个刻度来反映寒暑变化，掌握农时，就更加确切了。在汉代问世的《淮南子·天文训》中，已完整地记录了这 24 个节气。24 节气后来被人们按照顺序编为一首广为流传的歌谣："春雨惊春清谷天，夏满芒夏暑相连，秋处白秋寒霜降，冬雪雪冬小大寒。"这首"24 节气歌"，就像给一条条的气候刻度涂上了装饰性的色彩，使这 24 道"条纹"更加清晰醒目，形象而又好记。

随着社会的发展，人们对已有的气候刻度仍不满足。于是，我们古代的术家又把每一节气的 15 天再分为三：每 5 天称之为"候"。至此，我国的古籍《素问·六节藏象论》一书中对气候的刻度予以总结曰："五日谓之候，三候谓之气（节），六气谓之时（季），四时谓之岁（年）"。一年 24 气（节），72 候，各气各候都有其自然特征，合称"气候"。

自然界中"气候"这个概念，有丰富多彩的内容。它不是一般意义上泛指的"天气"，而是指某一地区多年来的天气特征。影响气候的主要因素是太阳辐射、大气环流和下垫面状况。正是这 3 个要素的作用，决定了一个地区的阴晴冷暖、雨雪风霜等气候特点。人们长期生活在自然界中，对气候的认识不断深化，逐步掌握了气候变化的客观规律。

根据这些变化规律，人们给气候画上了相应的"刻度"。气候的刻度，正是人们在不断地生活实践中，对气候变化规律的经验总结。一年四季十二月二十四节七十二候，只是反映了一个地区一年中气候变化的总的刻度。对于其他具体时段或某一个特定的气候因素，有的也被人们画上了刻度。拿冬季来说，气候特征是寒冷。为了准确地表示寒冷的程度，气象工作者通过长期的实践，总结出了一个"寒冷程度等级表"，把寒冷分为 8 个刻度：一级"极寒"，气温低于 -40℃，北风怒号，地

面结冰；二级"酷寒"，气温为 -39.9 ~ -30℃；三级"严寒"，气温为 -29.9 ~ -20℃；四级"大寒"，气温为 -19.9 ~ -10℃；五级"小寒"，气温为 -9.9 ~ -5℃；六级"轻寒"，气温为 -4.9 ~ 0℃；七级"微寒"，气温为 0 ~ 4.9℃；八级"凉"，气温为 5 ~ 9℃。

实际上，给冬季的寒冷气候作刻度的，最为人们所熟知的莫过于从冬至节算起的"数九"了。冬至节在阳历每年的 12 月 22 日前后，这一天北半球白天最短，黑夜最长。我国地处北半球，从冬至起，大部分地区进入严寒季节，以冬至节为"头九"的第一天，"数九寒天"总数 81天，共分为 9 个"九"，通过这 9 个刻度来表示冬季气候的变化状况。和"24 节气歌"一样，我国民间也流传着各具特色的"九九歌"，形成好像红颜色涂成的清晰醒目的"装饰性刻度"。其中流传最为广泛的是这一种："一九二九不出手，三九四九冰上走，五九和六九，河边看杨柳，七九河冻开，八九燕子来，九九加一九，耕牛遍地走。"但在湖北、湖南、四川一带，此歌还有另一种"说法"："冬至是头九，两手藏袖口；二九一十八，口中似吃辣；三九二十七，见火似见蜜；五九四十五，开门寻暖处；六九五十四，杨柳发青丝；七九六十三，行人脱衣衫；八九七十二，柳絮飞满地；九九八十一，穿蓑戴斗笠。"

冬至，被明清皇朝列为三大节之一（另两个节日为元旦节、万寿节）。清乾隆帝起，每年冬至日皇帝都亲笔御书"管城春满"消寒图。上面是"管城春满" 4 个小字，下面为"亭前垂柳，珍重待春风" 9 个较大一点的字。这 9 个字由懋勤殿翰臣双钩成空心笔画，然后送至各宫中悬挂，每日由内值翰臣等用丹朱填满一道笔画，9 个字填完，也就"'九'尽花开寒不来"了。今故宫养心殿仍挂着道光帝御制的"管城春满"消寒图。在清宫还发现有另一种消寒图，其 9 个字为"春前庭柏，风送香盈室"。这 9 个字每字当然也是 9 划（指繁体字），不同的是，其中每道笔画内，还以蝇头小字细注有当日的天气变化，如"早阴冷，晚晴，微风"、"巨风透骨寒"等（见 1992 年 12 月 25 日《人民日报·海外版》）。

同冬季的寒冷气候有其刻度一样，我们勤劳智慧的中华民族，将夏季的炎热气候也标上了刻度，这就是鲜为人知的"夏九九"。"夏九九"当然是从夏至日起算，一共也是"九九八十一"天。在苏、浙、赣、皖一带，现在仍流传着一首"夏至九九歌"，其歌词是："一九至二九，扇子是朋友；三九二十七，冰水如甜蜜；四九三十六，汗流如出浴；五九四十五，树梢秋叶舞；六九五十四，凉风如人意；七九六十三，衣着不能单；八九七十二，夹被上床铺；九九八十一，絮棉忙坏妻。"20 世纪 80 年代初，在湖北省老河口北郊拆除明代建筑禹王庙时，在其正厅大梁上发现一首用松墨草书的"夏至九九歌"，其具体内容与苏浙赣皖一带流传的有所不同，全文如下："夏至入头九，羽扇握在手；二九一十八，脱冠着罗纱；三九二十七，出门汗欲滴；四九三十六，卷席露天宿；五九四十五，炎秋似老虎；六九五十四，乘凉进庙祠；七九六十三，床头换被单；八九七十二，子夜寻棉被；九九八十一，开柜拿棉衣。"这两首"九九歌"具体内容尽管不同，但表达的意思却相差无几，本身都是气候的"刻度"，均循序渐进地反映了气温由热变冷的进程。

（原载《气象知识》2000 年第 2 期）

气候变化与海啸

◎ 王长科　周江兴　刘洪滨

　　2004 年 12 月 26 日，印尼苏门答腊岛北部海域发生里氏 9 级强烈地震，引发的海啸席卷东南亚许多国家。这次印度洋地震海啸死亡人数逼近 30 万，财产损失也十分惨重。

印尼海啸

　　作为一种破坏力巨大的灾难性海浪，海啸常常是由海底下 50 千米以内、里氏震级 6.5 以上的海底地震引起的。同时，海底火山爆发和山崩也可能导致海啸的发生。波长 100 ~ 200 千米的海啸最初以每小时约 725 ~ 800 千米的速度在深海中传播数百千米。当进入沿海浅水区时，波长减到 0.5 米左右，速度突然加快。但海浪到达海岸时，浪高可达 15 米，甚至 30 米以上。由于受海啸影响的水量非常大，海啸具有巨大的能量，能将沿海居住区摧毁。历史上，海啸曾经造成过巨大的财产损失，一次又一次地夺去了成千上万人宝贵的生命。

痛定思痛，人们在注意到这次灾害主要是由于强震及其引发的海啸造成的同时，必然会想到，受到普遍关注的气候变化对这次海啸有什么影响呢？

最近半个世纪以来，随着全球日益变暖，全球主要冰盖区融化，冰川退缩，海平面上升。海平面上升不仅淹没了沿海土地，而且使得诸如海啸、风暴潮等海洋灾害更容易发生，造成的损失也更大。这是因为虽然海啸不是由海平面升高引起的，但是，发生海啸时海浪以振荡波的形式向四周扩散到达岸边造成的破坏程度却与海平面的高低有密切关系。

我国位于太平洋西岸，大陆海岸线漫长。但由于我国大陆沿海受琉球群岛和东南亚国家阻挡，加之大陆架宽广，越洋海啸进入我国海域后，能量衰减较快，对我国大陆沿海影响较小。1867 年发生在我国台湾基隆附近的海啸曾造成数百人死伤。新中国成立后，我国近海监测记录到的海啸共有 3 次：第 1 次是在 1969 年，由发生在渤海中部的 7.4 级地震引起的海啸；第 2 次是 1992 年，发生在海南岛南端，三亚港出现波高 0.5 ~ 0.8 米的海啸。第 3 次是 1994 年发生在台湾海峡的海啸。在气候变化导致海平面上升的大背景下，我国应对类似的公共安全问题应该予以高度重视。

21 世纪中国的地表温度将明显升高，沿海海平面将可能上升

现有研究表明，20 世纪中国的变暖幅度大于中世纪暖期（公元 9

世纪后半叶至 13 世纪末，大致相当于唐朝末期至元朝初期，当时中国东部地区冬半年温度约比 1950—1980 年偏高 0.2℃），小于全新世最暖期（距今 8500—3000 年，最暖时温度可能比近百年平均高出 2℃左右），而 21 世纪中国的变暖幅度可能远大于中世纪暖期，与全新世最暖期的温度相当。与 1961—1990 年的 30 年平均温度相对比，到 2020 年全国年平均温度将增加 0.2～3.7℃，到 2100 年将增加到 1.3～8.9℃。

　　气候变暖直接导致海平面的进一步升高。现有观测数据表明，20 世纪全球海平面上升速度是近 300 年来最快的。从 1900 年至今，全球海平面高度平均上升了 10～20 厘米，到 2100 年将比 1900 年高出 9～88 厘米，平均为 48 厘米。这一数值是 20 世纪海平面平均上升速度的 2～4 倍。近 50 年来我国近海海平面平均上升了约 13 厘米，略高于全球海平面上升速率，且上升速率逐渐加快。各海区中，东海、黄海、南海和渤海海平面分别上升约 16、13、12 和 11 厘米。重点海域中，长江三角洲和珠江三角洲沿海海平面分别上升了 16 和 9 厘米。气候模式预估结果表明，到 2050 年，我国沿海海平面将上升 12～50 厘米，大于全球平均海平面上升幅度，其中珠江三角洲、长江三角洲和环渤海湾地区等几个重要沿海经济带附近的海平面上升 50～100 厘米。这将使我国许多沿海地区遭受洪水泛滥，甚至海啸的风险增大，与此相关的某些极端天气气候事件（如热带气旋强风事件）发生的频率可能增加，原有的珊瑚礁对海浪的减缓和抵抗作用可能减弱。未来类似强震引发的海啸也极可能对我国某些沿海城市造成极其严重的影响。

我国社会经济的可持续发展面临严重威胁

　　中国沿海地区的面积占全国的 17%，人口占全国的 42%，而 GDP

占全国的 73% （国家统计局 2000 年公布的数据），其中我国沿海低洼地区约占整个海岸地区的 30%，约有 70% 以上的大城市、50% 以上的人口和近 60% 的国民经济集中在该地区。海平面上升必将对这些地区的社会、经济产生重大影响，表现在许多沿海低洼地区将被海水淹没，现有海防设施的防御能力将大大降低，沿海地区的人居环境和经济建设将面临更大的风险；且遭受洪水危害的机会增大，遭受海啸、风暴潮影响的程度和严重性加大，特别是在珠江三角洲、长江三角洲和环渤海湾地区等经济相对发达地区。近年来，仅强热带风暴对我国沿海地区造成的损失已经非常严重，而且随着我国国民经济的迅猛发展，损失将更加严重，例如 1992 年的 9216 号台风在我国沿海 8 省（市）造成 300 人死亡，直接经济损失 100 亿元；而 1997 年的 9711 号台风仅在浙江省就造成 250 人死亡，直接经济损失高达 500 亿元；2004 年台风"云娜"在浙江省造成 164 人死亡，直接经济损失 184 亿元。我国沿海地区地处环太平洋火山地震带，发生强烈地震的可能性很大，在目前的海平面高度上，若在我国近海地区也发生类似于此次印度洋地震引发的海啸，则在我国沿海地区造成的人员伤亡及经济损失将难以估量。

应对海啸灾难的措施

一是加强对我国沿海地区海气系统变化的动态监测和海气耦合模式的研发，建立和完善相应的预测、预警系统。

如果能较为准确地对海啸进行预报，则在海啸发生时可以及时疏散沿海居民，减少伤亡。但海啸的预报难度很大。虽然中国已加入太平洋地震海啸预警系统（SSWWS），然而由于没有真正在太平洋上布下探测装置，目前中国尚无能力做出海啸预报。我国国家有关部门应该通力

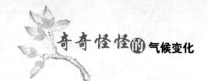

合作，继续加强海啸灾害的监测预警能力建设：建立专门应对海啸灾难的应急系统和机制，完善海啸应急响应预案，建立快速沟通的信息互通机制，共同做好海啸防灾减灾工作；开展海啸风险评估，并加大海啸发生、发展等基础理论和预警技术研究力度。

二是建立相应的法规或条例，使得在我国沿海城市规划（尤其是沿海旅游风景区规划）、重大工程决策设计等方面能切实充分考虑气候变化所导致的海平面上升带来的巨大潜在威胁。

我国在制定和建立沿海城市规划法规或条例中，应该有禁止在海滩上，尤其沿与海岸线平行的方向修建密集的居住区的内容，因为海滩本身就是削弱海啸破坏力的一道屏障。

三是加强我国沿海及出海河流的堤防工程建设，尤其是建在海边的核电站和火电厂等的堤防工程，提高抵御灾害的能力。加强对沿海城市和重大工程设施的安全保护，提高防护标准。

目前减轻海啸灾害最有效的方法是在沿海修筑防波堤，沿岸种植防波林以及保护好沿海原有的能减弱海浪的红树林和珊瑚礁。红树林沼泽是海堤的一个天然卫士，可消耗波浪的能量，其防护性能比石堤要好，而珊瑚礁也比流动沙丘更能减缓和抵御海啸的冲击。目前，我国沿海红树林破坏比较严重，珊瑚礁面积也因人为破坏以及海洋污染而减小，应该引起高度重视。

四是开展预防海啸等自然灾害的宣传教育工作，提高我国民众的防灾自救意识和环保意识。

在全社会开展预防海啸灾害的宣传教育，并在海啸严重地区进行海啸防灾减灾演习，提高全国，特别是沿海地区居民对海啸的认识。加强海洋环境保护教育，提高沿海居民自觉保护海洋环境的意识，使海洋环境少受或者免受污染。

（原载《气象知识》2005 年第 1 期）

不复存在的古代遗迹

从气候角度看中华文明大迁移

◎ 余秉全

悠久灿烂的中华文明发源于黄河流域，这几乎是尽人皆知的事实，可是，许多历史学家往往对此感到十分困惑不解，在中国历史上，黄河频频决口，洪水吞没了无数百姓以及他们的财物，造成了历史上一次又一次的大灾难，人们往往用"洪水猛兽"来形容黄河的决口。

跟黄河相反，长江则是一条造福于两岸人民的河流，它很少泛滥，因水量充沛，航行很方便；两岸的土地肥沃，适宜于耕种。那么，我们的祖先为什么偏偏选择黄河流域作为中华民族文明发源地、而摈弃长江流域呢？

根据《中国地理知识》中的统计，黄河从春秋时代至今共决口约1500多次，大改道26次，是一条名副其实的"害河"。春秋时代至今约有近3000年，可是中华文明已有5000多年的历史，有文字记载的历史始于夏朝，比春秋时代早了两千多年，而中华文明就是在这段时间形成的，甚至更早些。那么，在这段时期黄河流域的情况究竟又是如何呢？

在《中国文化概论》中曾提到：在距今七八千年前的新石器时代，黄河中下游地区的气候条件与现在大不相同，一是气候温暖，二是雨量充沛，整个地区为草原所覆盖，而且拥有大量森林，其环境极适宜农作物的生长及人类安居繁衍。在近代的发掘中，黄河流域发掘出数量众多的动物化石及骨骼，包括现今早已不存在的大象、犀牛、白猿、老虎和熊等的亚种，远远超过了长江流域，表明这一地区在当时的自然环境比长江流域好，适宜于人类居住，良好的植被生态环境使得黄河流域灾害较少。这就说明了为什么当时的黄河流域会成为中华文明的发源地。

虽然中国的农耕文明同时发源于黄河、长江流域，但由于风调雨顺的黄河流域细腻而疏松的黄土层比较适宜于远古木石铜器农具的运用，更适合粟、稷等旱作物的生长，所以农业生产首先在黄河中下游达到较高水平。因此，黄河中下游地区自然也成了中国上古时代的政治、经济和人文中心。而从长江流域出土的远古时代的人、畜化石来看，数量远没有黄河流域多，凡是适宜于动物居住的，也就适宜于人居住，因此，黄河流域能成为中华文明的发源地就不足为奇了。当时的长江流域非常酷热潮湿，湖北省嘉鱼县蛇屋山一带发现有红土层金矿，这种矿床只能在很长历史时期的热带雨林中发育，证明长江流域在古代的气候条件与热带雨林气候有相似之处。而这种黏性较大的红土层显然不适于木石铜器农具的运用。

古典书籍中经常提到南方山林中的"瘴气"和"瘴疠"，使中原人视到南方为"畏途"。瘴气指的是南方山林间湿热致人疾病的"气"；瘴疠中的"疠"是使人致病的一种"毒气"。这种"气"集中于南方湿热之地。依照现代科学来解释这个问题就是当时人类的医疗水平很低，一些地方性的疾病发病原因不清楚，从而导致瘟疫的流行。所以，当时南方的湿热气候导致瘟疫横行，使当时的长江流域成为不适合人类生存的蛮荒地带，这在三国时期蜀相诸葛亮南征孟获时就记载得很清楚。

孟获统治的疆土在今云南、广西一带，在三国时期经济文化都很落后，被称为"南蛮"。在诸葛亮出征前，许多大臣都劝他不要亲自出征，重臣蒋琬说："南方不毛之地，丞相兼秉钧之重任，不宜亲往。"所谓"不毛"之地，是指长不出庄稼，不适宜耕种之地。《三国志》在记载诸葛亮南征时曾遇到瘴气及毒水等的侵袭，士兵死伤无数。诸葛亮

在《前出师表》中也谈到："故五月渡泸，深入不毛。"

史书中曾谈到："楚，丛木也，一名荆。"表明在东周列国纷争时期楚人的祖先曾活动于荆山丛林之中。西周初期华夏文明已发展到较高程度，但荆楚地区仍处于艰苦的创业阶段，"辟在荆山，筚路蓝缕，以处草莽，跋涉山川"。所以中原人把长江以南的南方人称之为"南蛮"、"苗蛮"、"荆蛮"等。连楚人自己也称"我蛮夷也"。直到汉唐北宋时代岭南（广东）仍属流放地。唐代大文豪韩愈上了一道《谏迎佛骨表》，被贬广东潮州，路上他口吟了一首诗，其中有"一封朝奏九重天，夕贬潮阳路八千"的哀怨之词；另一位大文豪柳宗元被贬到广西柳州，他写了不少有关柳州落后和"不开化"的人文状况，最后郁郁寡欢地在柳州病逝，年仅47岁；北宋大文豪苏轼被贬官到潮州，他曾写下"日啖荔枝三百颗，不辞常作岭南人"之句聊以自慰。

由此可见，原始的工具，黏性较大的土壤，湿热的气候环境使长江流域的荆楚文明没有发展成为中华文明的主流。

大约在汉代统一天下后，长江文明渐渐发展起来，而黄河文明渐渐衰落，其中最主要的原因是气候的变迁。大约从春秋战国时代起，黄河流域一带的气候逐渐变冷并变得干旱，使北方草木萧条，灾害增多，而南方则变得风调雨顺，更适宜人类活动。其中最重要的一个原因是，黄河开始有了河患，史载"河患萌于周季，侵瑶于汉，横溃于宋"。可见在周代以前黄河河患较少，正是因为在这个区域创造了中华文明后由于人为的破坏，才使黄河变成了"害河"；乱砍滥伐森林，造成水土流失，河床日益变高等，使黄河变成了一头害人的"猛兽"。

中华文明在黄河流域奠定基础后，自秦汉以来一直就战乱不断，并对黄河造成极大的危害。例如，在三国时代，蜀汉大将关羽北伐曹魏，双方对峙在黄河两岸，乘天连降大雨、水位骤增，关羽命人驾小船决黄河北岸大堤，水淹曹军，这就是《三国志》中大书特书的"水淹七军"

的故事，曹魏军队被淹了20万，当然，陪葬的老百姓则更多。

铁器大致产生于战国时代，有了铁器和牛耕，才能高效地在长江流域的红土层上耕作，从考古材料看，我国南方的楚、吴、越是最早制造和使用铁器的几个国家之一。尤其是楚国，已掌握了冶炼铁和钢的较先进的技术。

由于北方游牧民族的不断南下侵扰，迫使北方王朝经常南迁，偏安一隅，迫使中华文明一步步向南迁移。其中贡献最大的当推五代十国时的吴越王钱镠。他统治的疆域是长江流域的中下游——江苏、浙江、安徽、江西、福建。他得国近百年，在统治期间，提出"保境安民"的主张，百年中没有战乱，人民休养生息，发展生产，兴办学堂，使长江流域的文明有了一个飞跃的发展，其后，长江流域的文明明显地超过了黄河流域。

除了人为因素外，气候变化也起着关键性的作用。因为地球上的气候并非一成不变，而是有规律地按"冰期"、"间冰期"（即两次冰期之间较温暖的时期）往复变化的。在"间冰期"内仍然存在着冷暖变化，所以又有"小冰期"之称。由于气候冷暖的规律性升降，造成动植物在不同时期的兴衰变化。在5000年的中华文明历史中，最初2000年，年平均气温比现在要高2℃左右。如果在长时期中大范围地变动2～3℃，就足以使生物圈面目全非了。近3000年来的气候变冷，是促使黄河文化衰落和长江文化兴起的原因之一。

农耕民族与游牧民族的长期对垒是中华文明发展史的一个侧面，而游牧民族南侵浪潮的背后也同样与气候的变化规律有关。从中国历史上说，寒冷时期出现在公元前1000年（商末周初）、公元400年（六朝）、公元1200年（南宋）和公元1700年（明末清初）时代。汉唐两代则是比较温暖的时代。

商末周初是落后的周人消灭了先进的商人；公元400年南北朝的

"五胡十六国"是指北方五个主要游牧民族南侵，建立了北中国五朝，并最后融合于汉族的过程；南宋是中国历史上实力较弱的封建王朝，它受到北方的女真、蒙古等游牧民族的南侵而灭亡；明末清初则是北方的女真族南侵并最终灭了明皇朝，这些时代全是寒冷的年代。

而气候温暖的汉唐两代是中国历史上最强盛的朝代，北方游牧民族节节退让。

在气候寒冷时期，北方草原区水草不丰，畜群没有充足的食料，促使游牧民族南侵抢掠。而北方农业区也因气候寒冷而作物歉收，灾害频频，农民起义不断，故而更加促进战乱发生，导致中原皇朝南迁或崩溃。而气候温暖时期北方草原水草丰盛，游牧民族缺乏南侵的动力，因此，天下比较太平。这就使中国古代历史上出现了数百年一治一乱的规律，并且逐渐使长江流域取代了黄河流域的地位。

（原载《气象知识》2002 年第 3 期）

丝绸之路的兴衰

◎ 陈昌毓

在中国历史上，丝绸之路既是壮观的贸易商道，又是最辉煌的人类"文化运河"。大量史料表明，历史上丝路的兴盛衰废与当时气候的波动、变迁具有明显的内在联系。

丝路兴衰简史

我国的养蚕业可追溯到几千年前，汉唐以来丝绸织造是当时国家经济的重要支柱产业，丝绸是主要的外贸商品。公元2世纪张骞两次出使西域，拓通了我国与亚欧大陆之间的商业贸易之路。在此后的1700多年间，我国丝绸大量通过此路运往中亚、西亚、南亚和欧洲地中海沿岸，故此路被誉为"丝绸之路"。古丝路从今西安为起点，向西到陇西地区分为北、中、南三道，在河西走廊的武威、张掖又归于一路，到走廊西端出玉门关或阳关，又有南、北、中三个去向。它把我国东部封建农耕文明集中发达的中原地区和渭水流域（包括黄河中、下游地区），与西部游牧部落经济的"西域"（今新疆等地区）及其以西各个邦国紧密地联系了起来，大大地促进了彼此间的经济和文化交流。由于古丝路绝大部分路线通过戈壁沙漠绿洲，历史上也称为"绿洲古路"。

历史学家根据对史书方志和考古文献的研究得出：西汉（公元前

206—公元 25 年)、隋唐(公元 581—907 年)和元代(公元 1206—1368 年)属于古丝路的兴盛畅通时期;东汉和魏晋南北朝(公元初至 6世纪后期)、五代及两宋(公元 10 世纪初至 13 世纪后半叶)和明清两代(公元 1368—1910 年)为古丝路相对荒芜沉寂时期。

此外,大量史料还告诉我们,在古丝路兴衰变迁中,既存在总体畅通繁荣期中的短期阻塞或某一分支路线的荒芜(在新疆境内尤其如此),也存在总体衰废期中的短期复苏或某些路段的畅通。

自唐代以后,我国经济重心渐次向东、南方转移,加之"海上丝绸之路"日渐兴起,"绿洲古路"就逐渐沉寂了。

我国东、西部气候波动特点

20 世纪 70 年代初,著名气候学家竺可桢先生根据针对我国丰富的古籍记载和一些考古资料的整理分析,把我国(主要是东部季风区)近 5000 多年来的气候波动,划分为四个温暖期和四个寒冷期。

我国东部季风区近 5000 多年来的气候波动,大致可划分出仰韶文化和殷墟时代(公元前 3000—公元前 1000 年左右)、秦汉(公元前 770—公元初)、隋唐(公元 600—1000 年)、元代初期(公元 1200—1300 年)四个温暖期;以及周代初期(公元前 1000 年左右—公元前 850 年)、东汉和三国至六朝(公元初—公元 600 年)、南宋(公元 1000—1200 年)、明末和清代(公元 1400—1900 年)四个寒冷期。温暖期气候温暖湿润,寒冷期气候寒冷干旱,两者呈现交替变化的韵律特征。

西北干旱区深居大陆腹地,远离海洋,气候具有显著的内陆特征。这里温度是左右湿度的主要因素,温度较低时期,内陆高山区降水量较多，蒸发量较少，呈现雪线下降、冰川推进的湿润气候环境；温度较高时期，则出现与上述情况相反的干旱气候环境。因此，西北干旱区冷期的气候以冷湿为主，暖期的气候则表现为暖干。这两种气候类型也呈现交替演变的韵律特征。

气候学家把我国2000多年来东部季风区与西北干旱区冷暖变化和相应的干湿变化进行对比分析发现，我国历史时期东部暖湿期与西部冷湿期在时间上大致相对应，东部冷干期与西部暖干期大致同步。

丝路兴衰与气候波动的联系

将上述古丝路的兴衰概况与我国东、西部近2000多年来的气候波动的韵律做对比考察，并联系不同地区民族社会经济盛衰变化，不难发现：东部暖湿期与西部冷湿期相互对应，古丝路繁荣畅通；东部冷干期与西部暖干期同步，古丝路则阻塞荒芜。

在东部气候暖湿期，冬季气温高出平均值约 1 ~ 2℃，年降水量平均较冷干期偏多200~300毫米。由于气候风调雨顺，使东部农耕经济繁荣。中原封建政权巩固，民富国强，在军事上有足够实力控制西北方游牧民族的侵扰活动，有利于开展对外经济贸易和文化交流。与之相对应，西部正值气候冷湿期，降水量较多，山区冰川下伸，平原区河湖水量增大，绿洲扩展繁衍，游牧经济大发展，有利于各个游牧部落安居乐业。东、西部暖湿期和冷湿期出现的这种良好的社会经济状况，使古丝路上的民族关系和国际关系处于友好和睦的状态，从而保障了中、西商业贸易和文化交流大道的繁荣畅通。这样的时期，在我国历史上以西汉、隋唐和元代为代表，尤其西汉、盛唐时期，政治上空前统一，经济一片繁荣，成为古丝路的鼎盛时期。

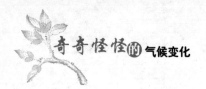

在东部气候冷干期，气温低于平均值约 1~2℃，年降水量较暖湿期偏少 200~300 毫米。这种恶劣气候条件使草原南界约向南推移 200 多千米，农耕区范围明显缩小。干冷气候造成五谷歉收，农耕经济凋敝，饥馑年份增多，社会矛盾尖锐，极大地削弱了中原封建政权的国力，因此封建王朝不可能有效地控制西北方游牧民族的侵扰，更无力顾及丝路的通商经营。在同期，西部为暖干气候，生态环境表现出冰川退缩，河湖水量大减，绿洲萎缩，沙漠面积扩展，因而使西部游牧经济文明大大衰落。于是各个游牧民族部落集团之间便频繁地为争夺生存空间而角逐，其中较强盛的部落集团还会伴随草原南界的南移而侵入农牧交错区乃至农耕区，与封建政权逐鹿中原，甚至取而代之。因此，东、西部在冷干期和暖干期，古丝路上的民族关系和国际关系相应恶化，战乱迭起，中、西贸易和文化交流的大道被梗阻，也就势在必然。这样的时期，历史上以东汉、魏晋南北朝、两宋和明清为代表，其中尤以南宋和明代中后期最为典型。

上述情况表明，历史上古丝路的兴衰通阻，可以说是气候变迁直接对沿路地区各民族生产力的调控，进而对其社会文化、军事力量以及民族关系和国际关系等方面产生影响而造成的结果。气候因素之所以对社会经济具有如此重要的调控作用，是与古代社会各民族农牧业生产技术水平十分低下，交通运输极其落后，抗御恶劣气候条件的能力很差有着密切的联系。

（原载《气象知识》1997 年第 2 期）

沧桑大地的见证——"四不像"

◎ 黎兴国

麋鹿又名"四不像",由于它头似马非马,蹄似牛非牛,角似鹿非鹿,颈似骆驼而非骆驼,故而得名。

"四不像"是我国稀有的珍奇动物,也是世界上三种野生种群已经灭绝或即将灭绝的最著名的珍兽之一。它体长2米左右,高1米多,雄性个体较大,体重可达200多千克;雌性个体较小。雄性有角,雌性无角,角枝形态特殊,故极易辨认。在许多人的记忆里似乎"四不像"生来就是一种园囿动物,根本不知道还有野生种群,至于其"身世",知道的人就更是寥寥无几。

根据科学工作者的研究,"四不像"早在中更新世就出现在中国,但主要集中出现在晚更新世和全新世。特别是在中全新世(公元前7000—4000年间)最多。

麋鹿机警、谨慎、嗅觉锐敏。它具有宽大而分开的蹄,善于在泥泞淤滑的地上行走和奔跑,如遇追捕时则跑得更快。它经常栖息在灌木丛生和水草繁茂的山间丘陵或湖泊沼泽地带,是典型的喜温湿性动物。李时珍在《本草纲目》中曾详细记载"麋,鹿类也。牡者有角。麋喜山而属阳,故夏至解角。麋喜泽而属阴,故冬解角"。"四不像"赖以生活和生存的条件,反映了温带和亚热带温暖湿润的特点。"四不像"的大量出现,与气候变暖有密切关系。因此,如果发现某个历史时期,某个地区有过"四不像"的化石,那就可以证明那个时期的气候比较

暖和。

随着冰期的结束，全球性气候变暖，"四不像"开始大量繁衍，曾作为全新世"最佳气候"的标志。根据我国东部和东南部如浙江、上海、江苏、山东、安徽、河南、河北、北京、辽宁、黑龙江等省（市）57 处遗址发现的大量化石，其中大部分生存时代集中在中全新世（公元前 7000—4000 年间），这与海平面上升，动植物演替，湖泊、沼泽发育以及海相沉积物粒度细等方面资料相一致，说明当时气温比现在可能要高出 2~3℃。在公元前 4000—3500 年期间曾发生短暂的变冷，"四不像"的数量也随之减少。在公元前 3500—2000 年期间，"四不像"又大量繁衍，河南殷墟遗址出土的化石就是证明。近 2000 年来，由于气候较前变冷，"四不像"逐渐减少，以致野生种绝灭。上述事实说明，"四不像"的兴衰、存灭与气候变化密切相关。因此，授予"四不像""动物温度计"之称是当之无愧的。

不仅由于"四不像"现在已濒于绝种而显得珍奇可贵，更重要的是因为它有较高的学术价值——它在全新世地层中的化石对于研究第四纪地层划分和对比方面，在说明古地理、古气候环境以及远古人类的活动方面，都具有重要的意义。

目前，我国"四不像"的野生种群已经灭绝，因此，对现有的园圃种群应进行繁殖、散放并建立自然保护区，同时严禁捕杀。否则，不久的将来原产我国的这种特产的珍兽，只有在《封神演义》里才能被读到了。

（原载《气象知识》1982 年第 3 期）

地球的"活化石"——新疆北鲵

◎ 郭家梧

中国的大熊猫世人皆知，而说到新疆北鲵就很少有人知道了，见过它的人就更少了。这两种动物知名度差异悬殊，却要相提并论，为什么？因为它们都有一个共性，是极为珍贵的"活化石"。

新疆北鲵，俗称娃娃鱼，又叫水四脚蛇，属两栖纲，小鲵科，北鲵属，产于中国新疆和哈萨克斯坦接壤的阿拉套山和天山极狭窄的范围内，数量稀少。它栖息于海拔2000～3000米的泉水小溪、湖泊淡水处，是天山和阿拉套山抬升时幸存下来的孑遗动物，也是新疆3亿～4亿年前至今唯一存活下来的原始的有尾两栖动物，在脊椎动物系统演化的研

究中具有不可替代的作用，是我国生物多样性宝库中的珍贵种质资源。

新疆北鲵身体细长，尾长约等于体长，皮肤裸露光滑，背部体色黑褐与环境相近，腹部灰白，头扁平，有颈褶，躯干圆柱体，体侧有12～13条肋骨，尾侧扁，尾基圆，指4趾5。成体最大不超过30厘米，体长20厘米多见。一般白天多隐藏在石块下、草丛或水边石缝，夜间觅食，以水中石蚤、石蝇幼虫为食，成体还以陆地昆虫为食。入冬后进入冬眠期。3月开始活动，5—7月进入繁殖期。成体不一定每年都繁殖，卵粒数30～90粒不等，孵化期为46～50天。现已被列入世界自然保护联盟红皮书，我国于1994年将其列入中国濒危动物红皮书。

1866年俄国动物学家凯赛尔在新疆阿拉套山发现了一种长约20厘米、手指粗细、浑身光滑、水陆两栖、有点像蜥蜴的动物，这是他从未见过的，他断定这是一个重大发现，于是把这种动物带回了实验室，并作了种属描述。

在以后的100多年间，中国的、外国的专家曾多次到天山和阿拉套山考察，试图找到这种神秘的动物。一次次的失败后，人们断定这种凯赛尔见过的动物已经灭绝，不会再有人见到它们了。

1989年9月1日新疆师范大学生物系的一名温泉县的学生王亚平从家里带来了一只四脚蛇，生物系教师王秀玲一下就想到整天给学生们讲的100多年前俄国人发现的，但谁也没有见过的那个"家伙"。经对标本进行鉴定后，首先确认这就是人们苦苦寻觅了100多年的新疆北鲵。于是成立考察组，第二天王秀玲一行直奔温泉县，对阿拉套山实地考察，终于在9月6日采到活体标本，向世界证实该物种在中国仍然存活。这距凯赛尔最后一次发现这种动物已经过去了123年。

科学工作者在新疆准噶尔盆地、乌鲁木齐等地均发现过鲵的化石，说明在2亿多年前的两栖类全盛期，准噶尔盆地的广阔水域，鲵类很广泛地分布着，而有一批幸运者随着天山的抬升，上升到海拔2000多米的山脊处，恰好天山在这一高度有无数的泉水涌出，这为鲵类的生存提供了基本条件，更加侥幸的是这泉水一流就是上亿年。

新疆北鲵是与恐龙同处一个年代、一种有着近3亿年历史的古老生物。对北鲵的 DNA 提取和分析表明，它与鱼类中总鳍亚纲的矛尾鱼同源性非常高，而矛尾鱼被认为是出现在4亿年前淡水中的古老鱼类，是两栖类的直接祖先。这表明，新疆北鲵和矛尾鱼的分歧年代并不久远，可能是继矛尾鱼之后最早爬上陆地的两栖类的代表。从而新疆北鲵也应该是陆地上生命的直接或间接的祖先。

鲵或两栖动物爬上岸后，首要的挑战就是呼吸。鱼通常都是用鳃来获得氧气，上岸后的鱼唯一的生存可能就是要用肺呼吸。新疆北鲵已有了一对长卵圆形简单的肺，有为数不多的几个肺泡。这还不足以让它们有完全的陆地生活。北鲵的幼儿时期必须待在水里，头生长着一对外露的羽状的鳃，和鱼一样的唇，在等待肺成长的3年中，它们必须待在水里，3年后，北鲵完成了蜕变，那对鳃完全藏起来，肺长成了，鱼唇的唇褶也消失了，换成一副便于在岸上捕食的嘴。

但它们绝不敢离开水太远，它们遇到的第二大危险就是皮肤被晒干，这是爬上岸的生命必须解决的关乎生存的大问题。

北鲵不喜欢太阳，有太阳的时候它们便藏在草丛中，它们太古老了，脱离鱼的本性时间还不长。但北鲵迈出的从鱼到两栖动物的这一步却十分清晰。正因为如此，它们才格外珍贵。

为了爬行，它们的鳍变成了四脚，为了抵抗地心的引力能抬起头来看方向，它们的脊椎进化得更强壮，并长出了支撑身体的肋骨。

进化已使新出生的北鲵没有了鱼在水里保持平衡的重要器官——鳔。它们游几秒钟便只能侧躺着。这些小生命从它们的父母那里继承了14对大染色体和19对小染色体。新疆北鲵的这种染色体数目多，且大小染色体界线分明的特征在动物中并不多见，这正是它的原始性所在。

新疆北鲵是最原始的一种有尾两栖类卵生动物。只有一只在叫的时候，声音像青蛙的鸣叫声，如果很多只一起叫的时候，在远处听，它们的叫声就像婴儿的哭声，这就是它被称为娃娃鱼的来历。

新疆北鲵栖息地，地处阿拉套山和天山交汇处的山谷地带，山泉水涌，源远流长，温泉县也得益于"温泉"而命名的。这里南、西、北三面环山，中间是谷地平原，海拔高度 1357 米，四季气候不分明，春季升温快，夏季短暂不炎热，秋季降温迅速，冬季漫长，昼夜温差大，全年气候呈冬暖夏凉的特点，是最适合新疆北鲵生长、生存的气候和环境。

1991 年，利用天然气候和水草资源，再加上一些人工驯养，尝试人工繁殖北鲵获得成功。

新疆北鲵将带我们穿越时间隧道探寻动物的进化和地球演变的奥秘。

（原载《气象知识》2009 年第 5 期）

年），白象九头见武昌。"武昌，就是现在的湖北鄂州。南朝宋文帝元嘉元年（公元424年）十二月丙辰日，湖南省零陵县也出现了野象。由此可见，无论是南北朝还是宋朝，湖北、湖南都曾发现有野象。

河南出土的甲骨文中，不但有"象"字，还有"耒（lei）象""获象"的记载。现存的甲骨文中还有好几条有关亚洲象的记录，证明殷人猎象已很有经验，在王都殷（今河南安阳）附近的田猎区内常有成群的野象在活动。而自古河南简称"豫"就是一个人手牵大象的形态，足以说明当时中原乃矛刺野象之地。

商代遗址出土的牙骨雕制品很多，仅从安阳殷墟（商王朝后期的王都）出土的牙象雕制品就有象牙杯、象牙碟、象牙鹗尊、雕花象牙梳，还有数以百计的用于镶嵌的象牙饰片等。1976年，殷墟妇好墓（中国商代第二十三世王武丁的配偶妇好之墓）中出土了1928件精美器物，其中牙骨雕制品就达567件。考古发掘证实了商代之所以盛行象牙雕，恰恰反映了当时黄河流域生存很多大象群，有丰足的牙雕原材料。

更令人震惊的是，历史上野象还曾到过安阳以北的地区。20世纪70年代在河北阳原海拔845米的桑干河丁家堡水库的第一阶地沙砾层中，人们找到了亚洲象的遗齿和遗骨，这是我国已知亚洲象分布最北的记录，约为北纬40多度，与北京同处于一个纬度上，其时代为3000～4000年前的夏末商初。

河南、陕西、山西、湖南、湖北等地大量的遗存和文献向我们展现了古代野象在华中以北地区生存的繁荣景象。然而，现在看来，无论是夏季炎热冬季寒冷的黄河流域，甚至于华北北缘，还是处于亚热带地区的湖北、湖南，都没有适合野象生存的合理环境，那么，这些化石、文献和遗存又向我们诉说着怎样的历史与变迁？

皇家马戏团大象明星上海遇难

1999 年 12 月，世界著名的马戏团，英国伦敦皇家马戏团到上海演出，并带来了 3 头产自马来西亚的明星——亚洲象。"要看真正的大马戏。"早在一个月前，沪上各大媒体就出现了伦敦皇家马戏团的演出广告。然而，在演出前夕，3 头亚洲象两死一病，伦敦皇家马戏团痛失动物明星，被迫取消了大象表演这一重要节目。

上海动物园兽医院全力抢救，化验报告出来了，3 头大象全部体温偏低。恰巧那时寒流袭击申城。气象资料显示，当天气温大幅度下降至 -2℃。但是，马戏团刚刚抵沪不过几天，而且这个马戏团是以露天搭就的大棚演出为特色，大象都是待在集装箱里生活的，没有受到特别保护。力大无比的大象可以跟几十个人拔河而面无惧色，但在突如其来的寒流面前，它们却束手无策。这是怎么回事呢？难道是这些来自异国他乡的大象不适应上海的水土吗？

研究发现，大象的皮肤虽然厚达 3 厘米，但身上的毛却比较稀少，所以既不能抵御寒冷，又要避开热带地区白天的暴晒，虽然身躯庞大却喜欢戏水游泳，因此，它喜欢栖居在气温较高、气候湿润、靠近水源、植被生长茂密的热带地区，一般为海拔 1000 米以下的长有刺竹林或阔叶林的缓坡、沟谷、草地或河边，常常有大树蔽天遮日。

一般来说，南方饲养的大象，冬季白天还可以在室外活动，但晚上就需要在室内避寒。而且室内温度都要控制在 10 ~ 16℃左右，在这个温度段大象会觉得比较舒适，当温度在 7 ~ 8℃的时候，大象就开始瑟瑟发抖，它们会到向阳或避风的地方挤在一块取暖，或者在室内室外踱来踱去增加身体的热量。大象跟人类一样都是恒温动物，它们的正常体温一般在 36～37℃之间，但等周围温度降到 0℃左右的时候，就到了它们对低温承受的极限，体温迅速下降，极容易出现各种病状，不吃不喝，无精打采，或者举步之间已经摇摇晃晃，更严重时躺在地上，闭着眼睛毫无知觉。同样，大象对高温也有要求，比如在 32～35℃的时候，大象就会烦躁不安，频繁地在水池里洗澡，充满褶皱的大耳朵不停扇动，有时甚至把粪便蹭在身上以求降温。大象的主要食物——董棕、刺竹、类芦、棕叶芦、芭蕉等植物主要生长于热带、亚热带地区，在华中地区很难找到，因此，饲养大象时只能以现有的青草来喂养，同时用胡萝卜、水果等来补充营养。

同时，我们心里又多了一些疑问，依现在的气候现象，河南、河北、湖南、湖北、陕西、山西冬天的气温普遍偏低，根本没有野象生存、栖息的环境。远古时代，大象们又是怎样生活下去的呢？难道，远古时候的象就不怕低温吗？或者说，远古时代的气温高于现代的气温吗？

野象南迁反映了历史上的气候变化

从文献的记载和挖掘的遗存我们可以看出，野象的分布不断向南退缩，退过了黄河、淮河、长江、钱塘江，退出了秦巴山地、江南丘陵、南岭山地、滇中高原，一直退到了我国的西南边陲，分布北界南移到北纬 23 度左右，直线距离达 2000 千米。

商朝是我国现阶段发掘野象骨骸和记载野象活动较多较早的朝代，据专家研究，甲骨文中出现的十多种天气现象的字中，没有冰、霜等字，而且还有人们祈求雨雪降温的记录，说明当时天气炎热难耐。考古学家尹达在山东历城县龙山文化遗址中，发现了炭化的竹节，经鉴定其

年代为公元前 16 世纪—前 11 世纪的商朝，而现代竹类大面积的生长大体上已不超过长江流域。

我国历史时期的气候是由暖阶段式地向冷转变，其中商代是一个气温偏高明显的年代。气候学家竺可桢等的研究证实，公元前 16—前 11 世纪的商代，其年平均气温比现在高 2℃，冬季 1 月平均气温比现在高 3 ~ 5℃，黄河以北地区的冬季气温比今天长江流域还要高。由此可见，商代时期华中地区与现在的西南边陲气温相似，因而大量的野象在这里生存过也就不足为奇了。

我国的气候在由暖向冷的转变过程中，又在不断起伏波动，出现了春秋战国、隋唐及五代至北宋初等几个气温回暖期。北朝的贾思勰写了一本《齐民要术》，记录当时黄河以北"三月上旬及清明节桃始花为中时，四月上旬及枣生叶、桑花落为下时"。与现在相比，约迟十天至半个月。而唐武宗曾将宫中橘树所结橘子赏赐大臣每人 3 个。柑橘和梅树只能抵抗 -8℃ 及 -14℃ 的最低温度，而现在的西安，每年的绝对最低温度都在 -8℃ 以下，有时降到 -14℃ 以下，梅树已经生长不好，更不用说柑橘了。

《宋史》记载："宋太祖建隆三年（公元 926 年），有象至黄陂县匿林中，食民苗稼，又至安复襄唐州践田，遣使捕之，明年（建隆四年即公元 927 年）十二月于南阳县获之，献其齿革。"这头野象从建隆三年六月到达湖北襄阳，到建隆四年十二月在南阳被捕获，在襄阳到南阳一带度过了两个冬季，前后有一年半的时间，野象能够安全过冬，说明北宋时期的襄阳、南阳一带，冬季是特别暖和的。

如今，美丽、神奇的西双版纳，是北回归线上唯一一片保留完整的、生物多样性异常丰富的热带雨林，享有"动物王国"和"植物王国"的美誉，被称作"最后的绿岛"，也成为亚洲象在中国唯一的栖息地。著名的"版纳野象谷"就处于勐养自然保护区东西两片原始森林的结合部,西濒纵贯西双版纳全境的澜沧江。在傣语中,"澜"为百万,"沧"为大象,澜沧江意为"百万大象之江"。这里因为是目前中国野象(野生亚洲象)活动最集中、最频繁的地方,吸引了无数的中外游人。

（原载《气象知识》2010 年第 1 期）

恐龙的兴亡与古气候

◎ 柳又春

在古代气候的沧桑巨变中，中生代的爬行动物是一种引人注目的"指示性动物"，而恐龙又是爬行动物的主要代表。因此，恐龙的盛衰兴亡与古代气候的冷暖干湿变迁息息相关，密不可分。

中生代是恐龙的"一统天下"

在地质年代中，中生代位于古生代之后、新生代之前，大约起于距今二亿三千万年之前，止于距今七千万年前，总共持续约一亿五六千万年之久。

中生代，是以爬虫类动物为代表的时代。当时，水里游的，陆上爬的，空中飞的都是恐龙，因此，可以说中生代是恐龙"一统天下"。

恐龙种类繁多，类型各异，它们身高体大，如肉食的霸王龙，体重6~7吨，身高5~6米，头坚齿利，攻击力极强，在弱肉强食的中生代动物界中极具威慑力量。

素食的雷龙体态比霸王龙还要高大。体重一般都在30吨以上，腕龙最重的可达70~80吨，身长约20~25米，可以说是地质时代以来绝无仅有，最大最重的"动物之王"。这些高大的恐龙在陆地上行动十分笨拙，多栖息于水边或沼泽湿地，但饱食之后有时也游游荡荡，缓步慢行，好像是已届垂暮之年的高龄老人在饭后散步一样；但是一到水中，借助于水的浮力，它们可以恣意地游来游去，显得格外灵活，就像一个善于游泳的小伙子一样。它们在水中游动时，常常把它的小头脸伸出水面进行呼吸，宛如一艘潜艇把潜望镜伸出水面进行瞭望一样，一边欣赏周围自然界的美丽景色，一边警惕地防卫着肉食性恐龙的突然袭击。

到了中生代后期——白垩纪，又出现了一种会飞的翼龙。翼龙身体比较弱小，但羽翼却格外巨大，在空中滑翔时平伸两翼最长可达 8 米以上。

恐龙是温暖湿润气候的象征

整个中生代，动物界以爬行类为主，植物界以裸子植物为主，在气候上正处于第二次大间冰期，即三叠纪—第三纪大间冰期之间，气候温暖而湿润。

广泛地分布于北半球欧洲、北美洲以及亚洲的红土沉积层，有力地证明了中生代早期和三叠纪气候炎热，氧化剧烈。

中生代中、晚期的侏罗纪和白垩纪，正处于广泛的海进时期，海平面高度上升，海洋范围扩大，气候不仅温暖而且相当湿润。这个时期，陆地上裸子植物生长繁茂，生长范围极广；海洋中生存着丰富的鱼类和藻类资源，一方面为恐龙提供了取之不尽、用之不竭的食物来源。同时也为恐龙提供了宜于其生存和繁衍后代的良好的气候环境。因此，人们一提到恐龙就很自然地把它看做是温暖湿润气候的象征。据古生物学研

究，当时，暖海生物珊瑚生长旺盛，并且分布范围很广，曾达到较高的地理纬度。古生物学对珊瑚生存条件的分析表明，在地理纬度较高的海域（50°~60°N），当时的海水温度在 33~34℃左右，比现代同纬度区域的海水温度高 5~6℃，说明当时的气候是相当温暖而又湿润的，大致上与现代的热带和亚热带地区的气候相近似。

气候干燥化和恐龙的消亡

恐龙消亡、灭绝的时期，大致在中生代的后期——白垩纪。

恐龙消亡、灭绝的原因，一直是古生物学界存在争议的问题之一，说法各异。例如，有流行性传染病说；天文学假说（小行星与地球碰撞后形成了遮天蔽日的尘雾，爆发出大量灰尘散落到地面上，致使草木枯萎，恐龙饥寒交迫，终于病饿而死）；生物学假说（弱肉强食说及窃蛋说）；海洋说、地质说和气候说等。

白垩纪，地球上发生了一系列深刻的变化。一是造山运动，最明显的例证是贯通北美西部的南北向大地形——落基山脉，就是在白垩纪后期逐渐隆起的。落基山脉的隆起、形成，改变了北美西部的地表特征，至少使北美西海岸与落基山东侧形成隔绝状态，当时生存着众多恐龙的北美西部地区，几乎完全丧失了继续维持恐龙生存的自然条件。二是海退现象，白垩纪末期正值海退时期，海域范围逐渐缩小，海平面高度逐渐下降，陆地面积则相应逐渐扩大。三是气候干燥化，随着高山隆起，海域范围缩小，陆地面积增大，地球上的气候逐渐趋向干燥化，干燥气候带有所发展，并开始出现沙漠和半沙漠地区，世界著名的帕米尔高原和昆仑山区的沙漠和半沙漠区域就是在这个时期形成的。

白垩纪末期，地球上发生的各种变化，加上恐龙自身的原因（体态过大，食量过大，行动笨拙，性喜温湿），使其难以适应新的自然环境和气候条件而逐渐趋于消亡、灭绝。

（原载《气象知识》1984 年第 2 期）

北京西山的第四纪冰川遗迹

◎ 魏生生

　　北京西山是著名的风景名胜区，这里环境优美、空气新鲜、文物众多、古刹云集，每天都有数以万计的游客观光旅游。值得一提的是，北京的西山还分布着许多第四纪冰川的遗迹，对于气候工作者来说，这些带着冰川刻痕的石头，是研究古气候的一个极好见证物。

冰川遗迹的发现

　　目前在北京地区所能见到的冰川遗迹，都属于第四纪冰川遗迹。

　　第四纪，是地质年代中属于新生代最新的一个纪，大约从距今300万年一直持续至今。这300万年，是伴随着人类出现和发展的时代，好像很漫长。但，这和46亿年的地球历史比较，只不过是短暂的一瞬间，就好像一昼夜24小时的最后一分钟。因此，时间短、时代新，是第四纪的显著特点。

　　在地质年代表中，并不见有"第一纪、第二纪"的名称，那么，何来"第三纪、第四纪"呢？原来18世纪，欧洲地质学家在研究山区地层时，认为山地核心花岗岩、片麻岩是地球上最初生成的古老岩石，那一时代称为第一纪；而把含有化石的沉积岩、砂岩、页岩、石灰岩之类生成的时代，称为第二纪；把这个纪的地层和疏松沉积物地层之间的黏土、砂岩、石灰岩等组成的地层形成的时代，称为第三纪；在第三纪地层之上的疏松沉积物，则属于第四纪。

随着地质研究的深入，地质学家把第一纪和第二纪按年代细划成寒武、奥陶、志留、泥盆、石炭、二叠、三叠、侏罗、白垩各纪，第三纪和第四纪的名称却保留了下来。

1840年，欧洲一些地质学家最初在欧洲的阿尔卑斯山地，发现了第四纪冰川遗迹，以后又在斯堪的纳维亚半岛和北美大陆上发现了大量的冰川遗迹。因此，欧洲和北美被公认为是世界第四纪冰川的中心。我国地质工作者通过考察认为，我国也明显受到第四纪冰川的影响。

20世纪50年代初，地质学家李捷，在永定河引水渠前期地质工作中，在八大处以南的山体下部，发现了冰川擦痕遗迹，经专家确定，这里及时得到了保护，随后又建立了陈列馆。永定河引水渠绕道而行，虽然当时多花了7万元，但保护了这片宝贵的文物。

1958年春，地质学家马胜云、孙殿卿在西山隆恩寺附近发现了基岩冰溜面遗迹。经国内外地质学家多次考察鉴定，并给予高度评价，以后又在此建亭立碑。八大处的冰川漂砾，巨大明显，最为世人注目，被确定为重点文物保护单位。此后，在香山、房山、门头沟等地，也都先后发现了许多冰川的遗迹。

冰川是气候的产物

冰川是气候的产物，其形成和发育与气候密切相关。

冰川是由多年降雪，并不断积累形成的，它不同于一般人工或天然的冻结冰，它是由降雪—粒雪—冰的压实和一系列变质而形成的天然冰体，是一种能运动或有时运动的冰体（一般每昼夜运动速度十厘米至数

米),冰川积累需要百年、千年乃至更长的时间,它不会因气候短暂波动而消亡。

在地质时代,也就是史前时期,几亿年的气候总是以冷、暖交替为特征变化着的。地质资料证明,在地质年代的温暖期,气候比现在温暖,地球上冰雪消融,南极、北极都没有冰,这样的时期占到地球历史的十分之九。在漫长的温暖期,也曾出现过几次短期的寒冷阶段。在寒冷时期,不仅南、北两极覆盖着巨大的冰盖,而且高山地区也都分布着冰雪,就连中纬度山岳地区也有冰川发育,这就是冰川时期,又称冰期或冰河期。目前,已知地球上的大冰期,最古老的一次发生在6亿年前的震旦纪,另一次发生在2亿~3亿年前的石炭、二叠纪。这两次大冰期年代太古远了,已经很难看到其遗迹了。第三次大冰期就发生在第四纪。由此不难想象,那时北京的西山也一定是莽莽冰川一片了。

在大冰期与大冰期之间的时期称为间冰期。但就是在冰期也不是持续的严寒,也是冷、暖期交替出现的。第四纪冰期就是由3个暖期,即亚间冰期;4个冷期,即亚冰期组成的。亚冰期出现的年代分别为:距今约90万~120万年、68万~80万年、24万~37万年和12万~1万年。其中以第一次亚冰期,即鄱阳亚冰期,最为寒冷,那时我国东部和东北山区发育了丰富的冰川。如大兴安岭、庐山、黄山、天目山,甚至广西都有。

最后一个亚冰期在1万年前"结束"。这次亚冰期消退后,北半球各大陆气候带分布和气候条件,基本上形成了现代气候的特征。

擦痕和漂砾——北京冰川遗迹的确认

西山三家店之东北,隆恩寺中峰庵的东侧山坡上,在质地细致的泥质砂岩上，有大批的第四纪冰川擦痕。这是 1958 年春，由地质学家孙殿卿和马胜云先生在西山地质考察中发现的。李四光先生对这一发现十分重视，并曾多次亲临现场，仔细观测组织鉴定。国内外著名地质学家李捷、王曰伦、俞建章、杨钟健及前苏联科学院纳里夫金院士等，先后到达这里进行考察并予以确认。

这些基岩冰溜面上的擦痕的特点是宽而长，宽的达到 1.5 厘米，一般上宽下窄，凹痕的内部有蜈蚣足状的颤痕，擦痕的总体方向一致，大体指向东南 10°，即指向山间盆地出口，与倾斜面的方向一致，擦痕面倾角 7°30′。地质专家曾做过横断擦痕切片显示，擦痕是表面刻划的结果，表皮没有丝毫的挤压和变质现象。擦痕只限于表面一层，不像构造擦痕那样，其下还有平行重复的擦痕面存在。凹痕中蜈蚣足状颤痕是由于冰体与岩石面巨大的摩擦，冰体跳动前进造成的。同时在擦痕面上的沉积物中还发现了少量水藓孢子粉，这证明了当时确为寒湿气候。

为什么如此坚硬的基岩能被冰体刻划出如此深刻的刻痕呢？冰的硬度难道比岩石还大吗？实际上，冰川和我们生活中见到的冰大不一样，运动着的冰川对基岩有强烈地推锉和碾磨作用，冰川体大力沉，普通一立方米冰的重量约 900 千克，当冰川厚度达 100 米时，每平方米的冰床上将承受 9 万千克的压力，100 米厚的冰川只不过是规模不大的山岳冰川，巨大的陆地冰川厚度往往超过 100 米，甚至达千米以上。这样在其流经的冰床上，每平方米就将承受 90 吨以上的巨大压力。然而，冰川并不仅仅具有强大的压迫力，更厉害的是，在冰川形成和运动中常挟持、裹带着大大小小的岩屑、砾石等，其中有些岩屑、砾石比基岩还要坚硬，很像一把把巨型锉刀，当冰川运动时，就会对冰川谷底和两壁产生挫磨和碾磨作用，这种挫磨和碾磨作用在冰川的底部尤为强烈，经受了这种作用，在冰川的通道上就会形成深槽，刻蚀和形成冰川谷，同时在冰川谷的谷壁上留下挫磨的擦痕、刻痕等。

在八大处的六处，香界寺凹地前梁坡下小桥旁，屹立着一个棱角已经消失的巨石，它的长、宽、高都在 2 米左右，其多方面都有擦痕，朝着上坡的一面，已经磨平，下部擦痕保存完美，擦痕纵横交错，深浅宽窄各不相同，肯定是冰溜的遗迹。

1986 年，这块巨石被北京市石景山区人民政府确定为重点文物保护单位。并建"冰川漂砾亭"加以保护。巨石上有李四光先生亲书数行小字："这是含少量砾石坚硬石英砂岩，西面被磨平，并带有几组不同方向的平行擦痕。"

冰川漂砾

何为冰川漂砾？文献是这样定义的："冰川从远处搬运来的，可以随冰川翻山越岭的石块叫漂砾。"在冰川滑动过程中，冰川下面的山体，因节理发育而松动的岩块和冰冻结在一起，冰川运动时，岩石块被拔起带走，具有巨大能量的冰川，当然可以带着石块翻山越岭了。文献又定义：直径 1~10 厘米的石块叫小漂砾、直径 10~50 厘米的叫中漂砾、直径50～100厘米的为大漂砾、1米以上直径的叫巨砾。香界寺附近的漂砾，直径约2米，自然算是巨砾了。它大概是从山的顶部被冰川带到这里来的，在冰川消退和融化后，它就留在了这里，几十万年之后，成为这里的一个景观。

其实，像这样大的巨砾，在青藏高原并不罕见，喜马拉雅山中就曾发现过直径28米、重量超过万吨的巨大漂砾。冰川搬运和改造地形的能力是惊人的，冰川对冰床的侵蚀力要超过一般河流的10～20倍。

八大处香界寺附近的冰川遗迹并不限于此，在六处和七处之间有一个表面堆积物填充起来的平台，地质工作者经电阻法测量，这块平台基底形状是一个盆形，中部深达60米。在接近山顶的地方出现摇篮状的凹地，这不是构造所为，也不是由于水的侵蚀作用而形成，这又是冰川的杰作。这里上游是一个接近山顶的陡坡，可以想象，冰川自上而下，近乎直插下来，自然对下面的冰床具有很强的开挖和掘取作用，在地质上叫做挖掘作用，又称掘蚀。这种作用就像铁犁一样，把阻止它前进的地下物质开掘挖取出来，天长日久，形成一个盆地。当冰川消失后，凹地逐渐被砂石、土木等填充起来，形成一个平台。正是因为这里有深厚的土层，才使得松柏根深叶茂，孕育出了巨大的"虬龙松"，树龄在五百年以上，高数丈，枝杈盘绕，遮荫数千平方米。

在附近沟中，由石英岩构成的基岩表面上，还隐约保存着可见的大批冰溜擦痕。

在与八大处公园相连的翠微山的南麓，山间盆地的东边有一个垭口，即模式口。在很坚硬的辉绿岩表面，有许多的冰川刻划的遗迹，所指方向均与山体倾斜方向一致。这是20世纪50年代初期李捷先生，勘测永定河引水渠地质、地貌时发现的，后经李四光等国内外专家学者鉴定，1957年被确定为北京市重点文物保护单位，在李四光先生的指导和关怀下，这片冰川遗迹得到了较好的保护，一开始有铁丝网围护，后

来又建起了围墙和陈列馆。

在这一带不仅限于辉绿岩面，在离山顶不远，属于侏罗纪的坚硬岩面和附近一座古庙后的岩层表面上也都有同样的擦痕存在。

对于北京西山的冰川遗迹，隆恩寺附近的李四光纪念亭的碑文里有这样的记载："李四光指出，北京西山冰川遗迹的发现及确定，对中国冰川问题有肯定和决定性的意义，纳里夫金院士曾著文称是'亚洲地质史上光辉的一页'。1987 年 8 月在加拿大渥太华的第十二届国际研究联合大会及有关多次国际会议上，许多知名地质学家对北京西山第四纪冰川遗迹研究给予高度评价。"

1989 年 4 月，为纪念李四光诞辰一百周年，隆恩寺基岩冰溜面发现三十周年，北京市石景山区人民政府、北京军区 52924 部队、地质矿产部地质力学研究所，在隆恩寺附近建亭立碑以资纪念。

（原载《气象知识》2007 年第 1 期）

千万年不败的鸽子花

◎ 张加常　钟有萍

　　盛开鸽子花的"中国鸽子树"，学名：*Davidia involucrata*（珙桐），植物学家称之为"独生小姐""活化石""植物大熊猫"。它隶属珙桐属珙桐科，为落叶乔木，可生长到 20 ~ 25 米高，树皮呈不规则薄片脱落。叶呈广卵形，边缘有锯齿，叶柄长 4 ~ 5 厘米。花杂性，由多数雄花和一朵两性花组成顶生的头状花序，单叶互生和在短枝上簇生，花序下有 2 片白色大苞片，长 8 ~ 15 厘米，宛如白鸽的一对翅膀。核果紫绿色，花期 4 月，果熟期 10 月。其树贵花美，为我国独有的珍稀名贵观赏植物，又是制作细木雕刻、名贵家具的优质木材。

鸽子花

珙桐，是世界上濒于灭绝的、非常珍贵的、我国独有的单型属植物，是我国8种国家一级重点保护植物中的珍品。在世界植物史上，它占据了"花魁"的地位。每年四五月盛花时，满树似白鸽群聚，独特雅丽。微风徐徐吹来，花朵摇曳，如白鸽扇动双翼，欲飞天穹，因而被西方植物学家命名为"中国鸽子树"。

从远古走来的植物娇子

从距今6500万年前开始，随着恐龙的灭绝，中生代结束，一个新的地质时代——新生代开始了。在这个时代，大量的哺乳动物和被子植物纷纷登场，珙桐正是在这个时期出现在地球上。

据科学家考察，当时的气候比现在更为温暖、湿润，这样的条件使植物呈现出一派欣欣向荣的景象。那时候的被子植物基本上都是像珙桐这样的高大乔木，而且分布面极广，一些现在属于热带和亚热带的植物，那个时候甚至可以深入到北极地区。可以想象，当时珙桐树上美丽洁白的鸽子花一定在地球的许多角落迎风翩翩起舞。

这样的繁荣景象一直持续到距今180万年前，这段地球生物的大发展时期被称为新生代第三纪。在第三纪后期，广大的平原地区开始呈现出干旱境况，到了第三纪末期，地球的整体气候逐渐变冷，预示着一场大的变故即将来临。

第三纪结束之后，地球的地质时代进入新生代第四纪，从这时候开始，地球上的气候发生了剧烈变化，地球的年平均气温比现在低了10～15℃，全球有1/3以上的大陆为冰雪覆盖，冰川面积达5200万平方千米，冰厚有1千米左右，所以这一时期又被称为第四纪大冰川期。在这样寒冷严酷的环境中，很多植物相继灭绝。

据植物学家考察研究，珙桐是一种起源古老，距今 6000 多万年前第三纪古热带植物区系的孑遗种，在第四纪冰川时期，珙桐和它的家族，与其他的被子植物一样，惨遭厄运，大部分地区的珙桐相继灭绝。随着珙桐树从地球的大部分地区销声匿迹，后来欧洲的学者们只能从化石中一窥其芳容。然而，只有在中国南方如贵州铜仁梵净山等个别地区的珙桐，却躲过劫难存活至今，成为植物界的"活化石"。

梵净山中翩翩起舞千万年

珙桐喜凉湿气候，其生长环境特点为温凉、潮湿，降雨量大，常有云雾和细雨。年均温一般 12℃，最热月均温 22℃，最冷月均温约 1℃，年降雨量在 2000 毫米以上。

梵净山国家级自然保护区位于贵州东部铜仁地区的江口、印江、松桃三县结合部，海拔 2572 米，有地球同纬度植被唯一保持最完整的原始森林。梵净山不仅是贵州的第一山，更是武陵山脉的主峰，是屹立于云贵高原向湘西丘陵过渡的大斜坡上的巨人。其古老的山体距今已有 10~14 亿年的历史，是黄河以南最古老的台地。梵净山有 4.2 万公顷原始森林，为多种植物区系地理成分汇集地，植物种类丰富，为我国西部中亚热带山地典型的原生植被保存地。区内有植物 2000 多种，其中高等植物有 1000 多种，国家重点保护植物有珙桐等 21 种，并发现有大面积的珙桐分布，是世界上罕见的生物资源基因库。

梵净山年平均气温为 5~17℃，1 月均温 -3.1~5.1℃，7 月均温 15~27℃，≥10℃积温 1500~5500℃·日；年平均降水量 1100~2600 毫米，是贵州的两大降雨中心之一；相对湿度年平均 80% 以上，是中国典型的中亚热带季风山地湿润气候特征。梵净山具有气候垂直差异显

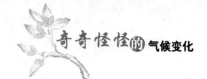
著、立体层次分明、雨量充沛、湿度特别大、雨日多、多云雾、少日照等气候特点。

第四纪以来，梵净山区一直处于温暖湿润的气候条件下，其特殊的自然、气候条件，成为多种植物保存和繁衍的场所。梵净山的珙桐树多生长在深沟峡谷两侧，因生长区温凉、潮湿、降雨量大，常有云雾笼罩和细雨等条件故而将其长期保存下来。

在梵净山，珙桐常分布于海拔 1000～1800 米的常绿、落叶阔叶混交林带（较为集中区为海拔 1400 米左右），每日承受日照大约比同纬度地区其他植物要短两小时左右。珙桐喜中性或微酸性腐殖质深厚的土壤，在干燥多风、日光直射之处生长不良，不耐瘠薄，不耐干旱。据植物学家考察，梵净山是全世界野生珙桐分布最为集中的地区之一。在世界其他地区几乎绝种的珙桐树，在梵净山却有如此广泛的分布、众多的数量，令人惊奇感叹！

西南大旱下依然亭亭玉立

2010 年，我国西南地区遭遇了历史罕见的旱灾，许多地方的土地全部干裂，灾情极其严重。然而这场灾难对梵净山珙桐树的影响却很微小，因为梵净山依然云雾缭绕、水汽蒙蒙，如同 180 万年前那样，庞大的山体很好地维持了局地小气候环境，保证了珙桐树的生活乐园不会因为旱灾而产生多大变化。据贵州铜仁地区气象局有关科研人员分析，其原因应得益于梵净山独特的自然地理位置、良好的生态环境及其局地小气候。

一是在于梵净山森林茂密，保存完好，覆盖度高达 80% 以上，是一个相对平衡的森林生态系统，能调节区域小气候和涵养水源。由于生态植被好，温湿条件也比较好，珙桐生长在其中，受旱程度明显低于平坝地区、开阔地带的植物。

二是在于梵净山的自然环境及森林生态系统基本上没有遭到人为的破坏，保存了较为原始的状态，其自然生态体系是中国亚热带地区极为珍贵的原始"本底"；由于林中枯枝落叶日积月累，在地表形成较厚的腐叶层，使其覆盖下的地表及深层土壤的蒸散程度明显小于裸地，水分亏缺相对较小。

三是梵净山珙桐多数生长在海拔 1000～1800 米的高山地区，一般在冬季 1500～3000 米高度层大气常存在逆温层，湿度较大，多云雾产生。根据监测，2010 年 1—3 月梵净山 1200 米高度上的平均温度在 6℃ 左右，相对湿度多在 75%～85% 之间。因此，在此区生长的珙桐受旱程度较轻，依然亭亭玉立。

祝愿"独生小姐"永远风姿

珙桐的发现，对研究中亚热带的区系成分，区系特点，以及起源和系统发育均有重要的科学价值。1869 年，法国的神父台维氏来我国考察，在四川境内第一次发现了珙桐，如获至宝，欣喜若狂，一时传扬海外。继而英、美等国不少植物学家、园艺学家，带着浓厚的兴趣，不辞劳苦，千里迢迢来到我国寻觅珙桐树种。1903 年，英国园艺公司一名叫威尔逊的人，从我国采得种子后送回繁殖，如今，国外有些公园也栽有珙桐树，用以美化环境。

1954 年 4 月，周恩来总理在象征世界和平的城市日内瓦看到瑞士友人从梵净山引种栽培的中国鸽子树，正当盛花时节，美丽异常，受到各国使节赞赏，深为中华民族自豪。回国后，他指示我国林业科学工作

者要重视对珙桐的研究和发展。在周总理的关注下，梵净山的珙桐越来越受到重视。贵州省人民政府和铜仁地区行政公署在梵净山成立了专门的机构——梵净山自然保护区管理处，重点加强对珙桐等国家珍稀动、植物的保护和人工科学培植。近年来，其科研已取得了重大进展。

在梵净山人迹罕至的深山区，人们要想一睹珙桐树的风采，不经历一番艰难的长途跋涉是办不到的。自20世纪60年代中期以来，国家综考会、贵州省科委等单位先后多次组织专家对梵净山及其包括珙桐在内的珍稀植物进行科学考察。他们曾五次攀越梵净山，经历了150多条山脊河谷，穿越过连绵不断的原始密林，全面勘察梵净山的珙桐树分布。经过多年的不懈努力，确认梵净山区是全世界野生珙桐树分布最为集中的地区之一，共有珙桐树11个片区，总面积达1200亩①。

1999年，国务院将珙桐树列为国家一级重点保护野生植物，而梵净山自然保护区则被联合国教科文组织接纳为全球"人与生物圈"保护区网的成员单位（中国只有五个成员单位），这座钟灵毓秀的仙山为珍稀植物珙桐提供了最好的栖身之所，而美丽圣洁的白鸽花则给梵净山增添了无尽的生机。

（原载《气象知识》2010年第5期）

---

①1亩≈666.7平方米，下同。

濒临消失的绿色

莫让敦煌变楼兰

◎ 陈昌毓

敦煌，取盛大辉煌之意。这里汉代置县，唐代中叶属吐蕃，宋代归西夏，元代称为沙州路，明代叫沙州卫，清代又改称敦煌县。敦煌曾是著名的"丝绸之路"上的名城重镇和咽喉要道，从内地到西域各国，至此分为南北两路，南出阳关，北经玉门关，直通西域。

敦煌曾有"瀚海明珠"和"小长安"的美誉。现今一提起敦煌，人们总会把她与飞天故事、绘画、彩塑艺术和宗教文化联系在一起。位于敦煌城东南 25 千米、被联合国列为世界文化遗产的莫高窟（俗称千佛洞），不但在我国文化艺术史上占有极其重要的地位，也是世界上现存的最大佛教艺术宝库之一。在这里的西北面，有奇特的月牙泉和鸣沙山组合的自然风景名胜区。这些令人惊叹不已的人文景观和自然景观，使敦煌在国内外早已名声远播，吸引了不计其数的人们到此观光和考察。

昔日水草丰茂景观好

打开甘肃省河西地区的地图可见，河西走廊西部的最大河流——发源于祁连山西段的疏勒河，其下游自东向西横贯敦煌市的中部。发源于祁连山西端的党河，从东南方入境在敦煌城附近形成一个较大的绿洲。历史上的党河，曾是敦煌境内疏勒河的最大支流。这两条大河使历史上的敦煌呈现出湖泊和沼泽成片、青草碧连天的自然景观。

前几年，由甘肃省治沙研究所、中国林科院和兰州大学的 15 名专家组成的科考队，对库姆塔格沙漠进行了较详细的综合科学考察。科考队在这个大沙漠腹地绵延数千米的乱石滩下，发现多处厚达数十米的河流相、湖相和风成相的沉积地层。经过专家们的考证后认为，远古时期库姆塔格沙漠中曾有众多的湖泊、沼泽分布，古疏勒河曾是罗布泊湖水的主要补给河流之一。

地处库姆塔格沙漠东面的敦煌，根据其境内疏勒河依稀可辨的宽阔古河床及其附近的河流相和湖相沉积地层推断，古时这段疏勒河的流量，无疑会比库姆塔格沙漠中那段河流的流量大。地方志的记载和当地老者的回忆表明，历史上党河的流量也一直较大。

历史时期敦煌境内疏勒河和党河较丰富的流水，在其两岸广大地区形成了星罗棋布的湖泊和沼泽、泉水不断，使敦煌的地下水位普遍较高，造成较良好的水环境。

敦煌历史时期较良好的水环境，一直延续到 20 世纪 50 年代。50 多年前，敦煌城内泉水到处可见，可以荡舟的天然湖泊较多。有一位诗人1955 年赋诗道："沙州无雨井不渠，姑娘俯身照云髻，谁信荒漠多湖淖？满城潮水真惊人。"该诗后有题记曰：1955 年 6 月 27 日游北台大庙、大佛寺等处，亲见湖水面宽阔，水鸟飞翔；更奇之处是城内水井只有一米多深，可供照人。

月牙泉位于敦煌城南 5 千米处，被鸣沙山怀抱，形成于晚更新世向全新世过渡的地质时期，因其形状酷似一弯新月而得名，古称沙井，清代始称月牙泉。月牙泉与鸣沙山以"沙泉共处，沙水共生"的独特奇观闻名于世，1994 年 1 月被国务院公布为"国家级重点风景区"。在有限的史料记载和诗词歌赋中，月牙泉一直是水域宽阔、碧波荡漾、鱼翔湖底、水草丰茂，与鸣沙山相映成趣。

滋润着莫高窟生态环境的是从它面前流过的大泉河。据当地老者回忆，50多年前，大泉河10多米宽的河床上，常年淌着清清的流水。

历史时期敦煌较良好的水环境，养育出了较和谐稳定的生态环境。从疏勒河和党河两岸广大地区多处发现的胡杨化石来推断，被誉为"沙漠化石"的胡杨，在漫长的历史时期敦煌境内都有大面积的分布，成为这里的指标性植物和最亮丽的风景线。

位于敦煌城正西方向、距离约120千米的西湖地区，地处库姆塔格沙漠东沿，占敦煌市面积的20%，是一个典型的内陆湿地荒漠生态系统。50多年前，这里随着湖泊、沼泽的分布而分布着一眼望不到边的芦苇丛，以及一片片生长良好的天然林和万顷草地。在这样的自然环境中，生长着5个类型的种子植物127种，其中裸果木、胡杨、梭梭属国家重点保护植物，另有罗布麻、甘草等经济、药用植物；有野生动物122种，列入国家重点保护的16种，其中野骆驼、白鹳、黑鹳为国家一级保护动物。

位于敦煌城西北方向、距离约50千米的南泉地区，50多年前，这里植被繁茂，生长季节花红柳绿，水鸟群聚，还有数量庞大的雅丹地貌，犹如镶嵌在戈壁滩中的"世外桃源"。

位于敦煌城西南方向、距离约70千米的南湖地区，50多年前，这里拥有湖泊333公顷，沼泽866公顷，是候鸟的乐园。每年在此繁衍生息的鸟类数量达2000多只，候鸟种类和数量之多，在甘肃省是鲜有的。

敦煌绿洲和西湖、南泉、南湖等自然区，是维护敦煌全境生态环境和谐稳定的天然绿色屏障。直到20世纪50年代，这些地区还生长着林相较好的沙生天然林14.6万公顷，其中胡杨林2.93万公顷，还有生长良好的天然草场达数十万公顷。就连戈壁、沙地上也生长着较大面积的拐枣、红柳、骆驼刺群丛。

而今生态恶化事实多

近 50 年间，特别是近 30 年来，最令人忧心的是敦煌境内的水环境变得愈来愈恶劣。

资料显示，敦煌绿洲 50 年前的 667 公顷咸水湖和 67 公顷淡水湖，如今 80% 以上已不复存在；西湖、南泉和南湖等地区宝贵的湿地，近几年来平均每年以 1333 公顷的速度在消失；大泉河河床上只剩下中间很小一股浊流——这就是整个莫高窟的生命之源！

在地表水严重短缺的敦煌，为了农业灌溉和人畜饮水，人们不得不打井取水，近 10 年来，每年平均开采地下水超过 4100 多万立方米。但由于地表水对地下水补给严重不足，过量开采地下水的结果是地下水位持续下降。据观测，1975—2001 年的 26 年间，敦煌各地地下水位平均下降了 10.77 米，平均每年下降 0.414 米。

1960 年以前，月牙泉的水位变化很小。但从 1960 年起，月牙泉的水位急剧下降，到 1980 年，其水位最深处已由原来的 9 米下降至 2.5 米，泉水面积由原来的 1.5 万平方米减至 6.5 千平方米；到 1999 年，月牙泉的水位最深处降为 1.49 米；如今，其最深处水位仅有 1.3 米，泉水面积减至 5.2 千平方米。有关专家称，若不进行生态治理，月牙泉将会干涸消失。

敦煌地表水严重短缺，地下水位大幅度下降，使土壤和近地层空气变得愈来愈干旱，其结果引起地表植被严重退化或枯死。自 20 世纪 80 年代以来，敦煌绝大部分地区的胡杨林陆续枯死；盐结皮土壤上生长的罗布麻、甘草、骆驼刺、柏茨以及戈壁和沙地上生长的拐枣、红柳等也大片死亡，失去了植物群落的特征。一棵棵枯死的胡杨竖立在戈壁、沙

地上，西风刮过，呜咽悲鸣，好似在诉说对当前处境的哀怨和对50多年前那荡漾微波的思念。据统计，目前敦煌仅存的天然林8.7万多公顷，胡杨林约1万公顷，可利用草场约9万公顷，较之20世纪50年代初期分别减少了40%、67%和77%。而且，大多数草场都不同程度存在着沙化和盐碱化的现象。足见，敦煌的绿色屏障已变得满目疮痍。

枯死的胡杨

严重缺乏植被层保护的干旱地表，经过长期烈日曝晒和漠风的吹蚀，使敦煌的土地日渐沙化。自1994年至21世纪初，土地沙化面积增加了1.4万多公顷，而且近几年来土地沙化面积还以每年1330多公顷的速度增加，沙漠向绿洲推进的速度加快，大风、干旱和沙尘暴等自然灾害明显加剧。

敦煌生态环境的明显恶化，加剧了风沙对举世闻名的莫高窟的窟顶、洞窟的侵害，现存的492个洞窟中，一半以上的壁画出现了起甲、空鼓、变色、脱落等病害，世界文化遗产已厄运当头。

河水断流、湖沼消失、泉眼干涸、地下水位急剧下降，到植被枯死、土地严重沙化、村落废弃、世界文化遗产和风景区惨遭破坏，这就是敦煌生态环境恶化的过程和当今生态环境的现状。这是对人类不相信大自然的威严、不顺从大自然的法则、肆意"胡作非为"的无情报复。

生态恶化原因思考

上述生态恶化事实表明，水是敦煌最珍贵的自然资源和绿洲生态环境的基础。这里生态环境的衰败，直至大面积土地严重沙化，其根本原因是水荒的危害和人们不合理经济活动的破坏，再就是气候变暖变干的作用，而水荒主要是人工不合理构建的水环境所造成的。

疏勒河流出山区后，先流经玉门和安西，然后才流入敦煌境内，其年径流量的大部分已消耗在上述两个县市的境内。20世纪60年代，在玉门的昌马和安西的双塔先后修建了水库，拦截地表水灌溉这两个县市近30年间新开垦的大量耕地，造成疏勒河自20世纪70年代初开始在敦煌境内300千米长的河道完全断流，从此该市绝大部分地区失去了地表径流。由于党河上游地区近30年来农牧业用水量剧增，加上1974年又在河流出山口处修建了水库，截流蓄水灌溉新开垦的1万多公顷耕地，致使党河出现断流。近几年来，敦煌每年自有水资源约3.5亿～3.9亿立方米，而年生产和生活耗水量至少需要6.6亿立方米，缺口达2亿多立方米，根本无水资源顾及生态恢复和建设。很显然，人为不合理的水资源地区分配，是造成敦煌近30年来生态环境日趋恶化最根本的原因。

盲目开荒扩大耕地，使大面积的天然林和草场遭到破坏；乱砍烧柴，由起初砍枝条发展到刨树根，砍伐范围由距离敦煌城10～20千米发展到100千米；在农田盲目打机井1460多眼，超量抽取地下水；牧

畜数量大大超过草场的承载能力，过度放牧现象严重等，这些也是敦煌生态环境恶化的重要原因。

在全球气候变暖的大背景影响下，从20世纪80年代以来，祁连山及其北侧的河西走廊的年降水量呈现减少趋势，而同期年平均气温却呈现上升趋势，其中冬季气温的上升趋势更加明显。近20多年来气候的这种变化，有可能在一定程度上增加敦煌境内土壤和植物的水分蒸发量，减少可利用的水资源。

敦煌最主要的水资源是河流径流量，而河流径流量则是疏勒河水系高山源区冰川、积雪的融水和降水流出山区而形成的。疏勒河水系高山源区的冰川面积（849.38平方千米），约占河西三大内陆水系（石羊河、黑河、疏勒河）高山源区冰川面积的71%，冰川融水量（457.36亿立方米）约占64%，冰川水资源较丰富。据冰岩芯分析，祁连山冰川具有4700多年的冰层，就是说该山区的现代冰川早在数千年前就已存在。因此，可以认为，近20多年的短期气候干暖化，对疏勒河水系出山径流量和山下包括敦煌在内的平原地区水资源影响不大。

改善生态要做水文章

敦煌生态环境严重恶化的警钟，主要是为水荒而鸣的，要遏制其生态环境继续恶化并逐渐加以改善，必须围绕改善水环境来制定对策，并加以综合治理。

疏勒河流域是一个完整的生态环境，其上、中、下游有着相互依存和制约的关系。因此，疏勒河水资源的利用，必须遵循上、中、下游统筹兼顾、经济效益与生态效益相结合的原则。现在必须呼吁，疏勒河中游的玉门和安西不要再开垦荒地，停止移民，关闭一些农用机井，每年定期定量向下游的敦煌输送生态灌溉用水，通过输水过程中的渗漏增加地下水的补给量，以便逐渐达到地下水的动态平衡，改善水环境。

敦煌水资源奇缺，仅靠自产水永远不能恢复已严重恶化了的生态环境。许多专家指出，"引哈济党"工程是根本解决敦煌党河断流、水资源短缺、治理生态恶化等问题的唯一途径。这项工程是把发源于青海省野牛背山和果吐乌兰山的哈尔腾河的水，引入党河输送到敦煌。该项工程如果完成，每年可把哈尔腾河 1.2 亿多立方米的水，引到党河供敦煌所用。增加了这些水资源，可以大大改善敦煌的水环境，从而有利于逐渐创建一个和谐稳定的生态环境。

农业生产是敦煌的用水"大户"，需要特别注意"节水"。为此，要加大农业结构调整力度，发展以葡萄为主的特色林果业和日光温室等高产高效的节水节能产业，同时要大力示范推广农业高新节水技术，大面积发展棉花膜下滴灌和其他经济作物的管灌，提高水资源的利用率。在城市用水方面，要推广节水用具，启动污水处理回用和水循环利用项目。

除此之外，要大力保护尚存的湖泊和沼泽等湿地，为其周围分布的天然植被创造较好的水环境；继续深入实施退耕退牧还草还林，封沙封滩育草育林，借助自然力恢复生态环境；加强绿洲外围天然植被的保护以及绿洲周边和内部的防沙林和农田防护林的建设。

（原载《气象知识》2007 年第 3 期）

日渐萎缩的绿洲

◎ 陈昌毓

内蒙古阿拉善盟的额济纳旗，降水稀少，年平均降水量只有 40 ~ 50 毫米，最少年降水量还不足 20 毫米，而年平均水分蒸发量却是年平均降水量的 60 ~ 70 倍，在自然降水条件下，其地表面呈现出特干旱荒漠的自然生态现象。然而，在这里的巴丹吉林大沙漠西侧，自古以来，却存在着一个西北区历史上著名的额济纳绿洲。

黑河发源于祁连山区青海省境内的八一冰川，自南向北穿过祁连山脉中段，流经甘肃省河西走廊中部的绿洲，然后流入内蒙古额济纳旗，全长 820 多千米，是我国仅次于新疆塔里木河的第二大内陆河。它在内蒙古境内的河段，被称为额济纳河，古时谓之弱水、张掖河、黑水，"额济纳"本为西夏语，意思为黑水，元代曾译为"亦集乃"。此河又分为东、西两大支流，其间河网密布，最后分别注入东、西居延海。由于这个水系的存在，在茫茫的戈壁沙漠背景上，就逐渐形成了额济纳绿洲。

绿洲古今兴衰史

居延海曾是西北区的大湖泊，据史料记载，秦代以前其面积达 2000 多平方千米，秦汉时期水面也有 700 多平方千米。自古以来，居延海就是额济纳绿洲的生命之海，古时该地区是"鹅翔天际，鸭浮绿波，碧水青天，马嘶雁鸣，缀以芦草风声"之地。浩渺的湖泊哺育出大湖周围辽阔的草原。依傍它而建的古居延城和黑城，汉代以前就是边塞名城重镇，乃兵家必争之地。唐代诗人王维曾有这样两句诗："白草连天野火烧，居延城外好射雕。"可想当时居延城周围的草原是多么的壮美。

魏文帝曹丕曾对额济纳绿洲有过这样的描述："弱水潺潺，落叶翩翩。"古时流水潺潺的额济纳河网，在绿洲上滋养出一大片以胡杨为主，并伴有红柳、梭梭等沙生植物组成的林带，其南北长约 200 千米，东西宽约 15 千米。这片林带古时生长得十分繁茂，到秋天简直是金黄色的世界，深秋树叶纷纷落去，其景令人有诗情画意之感。自古以来，这片林带就是额济纳绿洲上最亮丽的风景线和防御风沙侵袭的天然屏障。

密集的额济纳河网、波光粼粼的居延海、无垠的肥美草原、冲天的胡杨林、雄伟的城池、天地欢乐的飞禽走兽，这就是历史时期额济纳绿洲良好的自然和人文景观。在这块富庶的绿洲上，人们曾长期与自然环境和谐相处：匈奴人千里牧马，汉武帝驻军屯垦种粮戍边，西夏人百年无忧，蒙古人环佩叮当。直到清代康熙三十七年（公元 1698 年），这块绿洲还以其水草肥美吸引着元代征服欧亚大陆的蒙古人的后裔——土尔扈特部落，从俄罗斯伏尔加河流域浴血东归后定居于这里。这块珍珠般的绿洲，从古至今就同巴丹吉林大沙漠进行着顽强的抗争，阻挡漠北的风沙，护佑着河套平原和河西走廊。

岁月飞逝，历史进入到 20 世纪 40 年代，额济纳绿洲居延海的面积仍然达 300 多平方千米。到 50 年代，东、西居延海的面积还分别约有 287 平方千米和 35 平方千米，其总的水面与前 10 年相差无几；胡杨林面积还保存有 5 万多公顷，其他沙生小灌木和荒漠草类生长也较好。这

个时期流传的农谚"棒打了黄羊瓢舀鱼，野鸡落到家院里"，是额济纳绿洲生态环境较好的真实写照。

时过境迁。从 20 世纪 60 年代至今，额济纳绿洲自然环境迅速恶化。从 1961 年起，西居延海首先干涸，东居延海于 1992 年也彻底干涸，其附近的一大群小湖泊和沼泽地也随之完全消失。东居延海干涸的那年，湖底的死鱼就有 2 万多千克，鱼的尸体在烈日曝晒下，蒸腾出来的恶臭熏天，持续时间约 3 个月。干涸的湖底凝结一层厚厚的波纹状细沙，一遇刮风天气，空中沙尘弥漫，天昏地暗。湖泊干涸的同时，额济纳河沿岸地区的地下水位也大幅度下降，1000 多眼人畜饮水井有 80% 以上已经干涸。

额济纳绿洲水环境大大变恶劣，导致其林草大量枯死，目前，胡杨林枯死面积已达 2.8 万公顷左右，尚存活的约 2.2 万公顷也正以每年 900 公顷左右的速度急剧减少；红柳林面积由原来的 15 公顷减至 10 多公顷，减少了 33%；牧草曾有 130 多种，如今只剩下不到 30 种；昔日成片的芨芨草垫和沼泽芦苇，现已消失殆尽；野生动物原来有 180 多种，现已基本绝迹。

由于额济纳绿洲林草大量枯死，风速增大，流沙不断向绿洲侵袭，巴丹吉林沙漠以年平均 30 多米的速度吞噬额济纳绿洲。王维诗中所说的居延城，原来是额济纳绿洲的明珠，繁盛几百年，现已成为远离绿洲约 20 千米的荒漠区。据 2000 年的卫星探测资料记载，在近 40 多年时间里，额济纳绿洲的面积从原来的 6900 多平方千米缩减至 3300 多平方千米，而且还正以每年约 1330 公顷的速度萎缩，沙漠戈壁面积至今增加了约 460 平方千米。额济纳绿洲生态环境的严重恶化，导致阿拉善高原现已成为我国北方沙尘暴天气发生的主要源地之一。

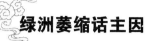

绿洲萎缩话主因

额济纳绿洲日渐萎缩，生态环境明显衰败，主要与黑河下泄至内蒙古境内的水量锐减，造成额济纳河从20世纪90年代初开始断流有着密切联系。

水是额济纳绿洲生命的源泉，滋养它的是黑河水。祁连山脉中段山区降水较丰沛，年平均降水量达300～500毫米，而且降水量的年际变化小，平均每年为黑河提供了约38亿立方米的出山地表水。20世纪50年代，黑河下泄至额济纳河的年流量约10亿立方米，这是当时额济纳绿洲自然生态环境保持较好的主要原因。由于气候变暖变干，祁连山冰川不断退缩，雪线连年上升，从20世纪60年代初开始，黑河出山水量不断减少，加上黑河上、中游地区新开垦20万公顷农田，农业用水量剧增，使黑河下泄至额济纳绿洲的水量逐年减少。到80年代，每年平均下泄量更减至不足2亿立方米，致使多年无水注入居延海。这样，额济纳绿洲的水源几乎枯竭，引起地下水位大幅度下降，土地干旱严重，林草大量枯死，风沙肆虐。

据生态学家称，若要根本改变额济纳绿洲生态环境严重恶化的现状，使之恢复到20世纪50年代以前较好的状态，每年黑河下泄至额济纳河的水量至少需要增加8亿～10亿立方米以上。就是说，黑河每年实际下泄水量应当达10亿～12亿立方米以上，相当于在现有绿洲面积3300平方千米上，平均每年降下300～364毫米以上的水量。

黑河调水救绿洲

　　早在年羹尧任清代陕甘总督时期，为了不使额济纳绿洲生态环境恶化，继续保持牧业兴旺，农田有水灌溉，他采用残酷的军事手段对黑河流域实行了均水制度。

　　近40多年来，额济纳绿洲生态环境的严重恶化，引起了国务院的高度关注。2000年春天，国务院做出黑河跨省逐年调水、拯救居延海、保护额济纳绿洲的重要决策。当年8—10月间，黑河先后向下游调水4次。2001年秋季，黑河向下游调水两次。但因下游河床干涸日久，河水下渗严重，这两年的几次调水都未能流入居延海。

　　2002年7月，额济纳河断流10年后黑河水首次调至东居延海，但不久湖水就下渗和蒸发光了。同年9月10日黑河再次向下游调水，持续40天，到调水结束时，东居延海水域面积已超过23平方千米，蓄水量达到1800立方米，湖水保持到了2003年春季，使东居延海较长时间重泛绿波。就在黑河调水首次流入东居延海时，约两万深受干渴之苦的农牧民奔走欢呼，热闹异常。国家领导人称赞，"黑河调水是一曲绿色的颂歌，为河流水量的统一调度和科学管理提供了宝贵的经验"。

　　2003年黑河向下游调水共3次，8月14日本年度的第3次调水，到8月底东居延海已进水2900万立方米，形成了近27平方千米的水面，东居延海又一次呈现出"波涛汹涌，碧波荡漾"的喜人景象。

　　由于黑河连续4年共10多次向下游调水，额济纳河沿岸地区和东居延海周围又显现出了生机，近一两年的夏、秋两季，这里的胡杨、红柳等乔、灌木林舒展着翠绿的枝叶，草色青青，成群的水鸟也回到了久违的"故乡"。

　　随着黑河跨省调水工程逐年不断地进行，再加上同时又实行退耕还林、退牧还草、封沙封滩、育草育林，并适当移民，可以预料，一个湿地纵横、飞鸟成群、胡杨林茂密、水草肥美的额济纳绿洲，又将重现于阿拉善高原。

（原载《气象知识》2003 年第 6 期）

民勤绿洲变沙海之忧

◎ 陈昌毓

　　甘肃省民勤县在历史上的两汉和三国时期起名武威，明清两代改称镇番，1928 年改为今名。该县位居甘肃省内陆区的河西走廊东部石羊河流域下游，隶属武威市，面积为 1.6 万平方千米，为河西走廊东部面积最大的县。其地势四周高、中间低，具有盆地特征，平均海拔高度在 1300～2000 米之间，在地质构造上属阿拉善台块的南部边缘凹陷。盆地中为一南北长约 140 千米、东西最宽近 40 千米的典型大陆性沙漠绿洲，它是由古石羊河（旧志称谷水）和古金川河（古称云川河）下游各支流的地表水和地下水长期发育而形成的。习惯上，民勤县城以北的绿洲称为"湖区"，以南的绿洲称为"区"。湖区的东、北、西三面是被腾格里大沙漠西侵和南侵而形成的东沙窝和北沙窝，西面被巴丹吉林大沙漠东侵而形成的西沙窝紧紧包围。根据 20 世纪 50 年代末期的勘察资料，民勤县沙漠面积约占县境面积的 82%，荒漠剥蚀丘和低山约占 5%，湖沼盐碱地约占 4%，绿洲农田约占 9%。

　　民勤地区属暖温带干旱气候区，多年平均降水量为 113.6 毫米，年平均水分蒸发量高达 2643.3 毫米，是年降水量的 23.3 倍，历史上由于石羊河水系上中游下泄水量较多，人类对自然环境的破坏微乎其微，民勤是一个水草丰美的滨湖绿洲和"可耕可渔"的"塞上明珠"。

　　民勤拥有两颗"沙海明珠"，一颗是民勤治沙站的大型沙生植物园，它于 1974 年建立在沙丘连绵的西沙窝面积 900 公顷的人工绿洲上，是我国第一座沙生植物园。园内种植着从世界各个沙漠区引种来的200多种旱生和沙生植物，试验取得的造林治沙成果，引起了国内外治沙专家的浓厚兴趣，他们曾多次来这里学习取经。另一颗是红崖山水库，它控制的流域面积达到1.34万平方千米，是亚洲最大的沙漠水库，民勤这两颗"明珠"和所产的各种水果，使这块沙乡僻壤之地在国内外小有名气。

小巧绿洲生态价值大

被誉为沙漠绿色奇观的民勤绿洲，如果长期严重缺水干旱，天然植被和人工林木就会大面积衰败或死亡，绿洲自然会逐渐沙漠化。民勤绿洲是石羊河流域生态系统的有机组成部分，一旦该绿洲消失，阻沙天堑即不复存在，腾格里、巴丹吉林及乌兰布和三大沙漠必然会连成一片，加上长驱直入的河西走廊"狭管风"的作用，荒漠化就会危及与民勤绿洲有着唇亡齿寒关系的古浪—武威—金昌的绿洲，拦腰斩断河西走廊千里绿色带，破坏石羊河流域生态系统的完整性，促使沙漠直逼祁连山麓，从而对山区生态环境产生不利的影响。

民勤是甘肃境内两大沙尘暴中心之一，也是我国沙尘暴的源区之一。根据统计，引发沙尘天气的冷空气沿着西方、西北方和北方三个路径入侵我国，其中沿着西北方和北方路径入侵的冷空气次数分别占入侵冷空气总次数的41%和25%，都要途经民勤绿洲。如果民勤绿洲这块防御沙尘暴的前沿阵地被沙漠所占领，民勤沙尘暴源区的面积将会显著扩大，把防御沙尘暴天气的前沿阵地向东推进约200千米，将导致西北地区东部，甚至华北地区的沙尘天气显著增多。

绿洲生态环境的古今巨变

根据史书方志记载和古地理、地质学家的研究资料，史前民勤绿洲基本上随着古石羊河和古金川河及其水系终端湖泊变迁而变迁。在历史时期，随着人类生产活动的日益频繁，以河湖构成的水环境不断改变、面积逐渐缩小，同时扩大了绿洲和耕地的面积。事实证明，水环境是民勤自然生态环境的基础。依据自然原因、人类生产活动及改造自然的程度，民勤自然生态环境的演变大致可分为自然水环境、半自然水环境和人工水环境三个时代。随着不同的时代，民勤的水系、湖泊和绿洲的位置、范围与特色各有不同。

自然水环境时代的生态

这个时代约起于我国历史上的战国（公元前475—前221年），止于西汉中期（公元前111年，即元鼎六年），共360多年，这是汉族文化尚未到达民勤盆地的远古时期。此期间，祁连山区尚有第四纪冰期遗留下来的部分冰川补给古石羊河和古金川河的水源，河流水量较大，冲积范围也较广，民勤盆地几乎整个被巨大的湖泊所占据，古称潴野泽。当时民勤的自然地理景观，主要是湖泊及其沿岸广阔的沼泽平原与绿洲，为匈奴水草丰茂的牧场。这些生态环境特征在《禹贡》一书中首次被正确地记载了下来。

半自然水环境时代的生态

时间起于西汉中期一直到 20 世纪 50 年代初期。在此 2000 多年的漫长时期，人类的生产活动固然仍受自然条件很大的限制，但因发展了汉族的灌溉农业技术，如筑坝引水、开辟新河渠、垦荒改造沙碛草地与河滩地为农田等，使民勤盆地水环境大改旧观。根据这个时代河湖、水系的演变特征和绿洲的发育过程，又可分为如下三个时期：

潴野泽分化期　起于公元前 111 年，止于第 6 世纪末期，包括我国历史上的两汉、三国、两晋和南北朝各代，近 700 年。此期间，潴野泽中部逐渐变为沙碛草地和湖滩地，湖体分成面积较小的东海（仍称潴野泽）和西海（又称休屠泽）两个内陆湖泊。本时期绿洲主要分布在东西海的周围，已发展成不少稳定的灌溉农业区和较稠密的绿洲聚落。这说明当时的绿洲自然景观已部分向人文景观转变。

白亭海期　起于隋代，历经唐、五代、宋、元、明、清各代，止于公元 1840 年（清道光二十年）左右，长约 1260 年。在此漫长时期，河流分支众多，大多数由长流水变成季节性间歇河，每一分支流的尾闾在洪水期集水大小不等而具有明显季节变化的湖泊。有些河道和分支流，由于绿洲农业的发展已失掉自然河流的特色，变成灌溉渠道。这些变化将东海、西海两个集水中心，逐渐分化成很多小湖，由东海分化的众多小湖中，以白亭海最大，因其水色洁白，盛产鱼类，俗称鱼海子。西海在本时期已发展成与石羊河毫无关联的金川河下游终端小湖，其残留部分到明、清两代称为昌宁湖，实际已变为沼泽性草原。

青土湖期　时间约从 1840 年开始至新中国成立初期。在此 100 多年中，原有诸湖因水源奇缺而消失，变成湖滩荒地即绿洲，其中部分荒地

开垦为灌溉农田,部分低海拔的荒地在夏秋洪水季节成为短期蓄洪区。同时,原有的一些自然河流干涸,有的干河成为数年一遇的夏秋季节洪水的排洪道,有的干河被流沙埋没形成很多"沙窝道"。在此期间,石羊河水系每年夏秋季曾数次出现特大洪水,在民勤盆地最北面低洼区形成最晚出现的最大湖泊"青土湖",可惜每次蓄洪只持续数年即干涸了。

人工水环境时代的生态

20世纪50年代初期以后,民勤盆地从前的上百个大小天然湖泊均已消失,变成长着荒草和稀疏灌木的绿洲。至此,结束了民勤从潴野泽到东西海,再到白亭海、青土湖长达2400多年湖泊水环境的历史;湖区和坝区绿洲的格局完全形成,其面积达到历史以来之最。1958年民勤县开始了大规模水利建设,1959年以后民勤绿洲建起了较完整的人工农田灌溉渠网,开始了完全的人工水环境时代。

20世纪50年代至60年代初期,由于民勤人口较少,农田面积也不大,年平均入境地表水尚有5.4亿多立方米,同时地下水蕴藏也较丰富,农业灌溉用水与生态用水矛盾不大,其自然生态环境还好。此期间,民勤尚未辟为农田的荒地、洪水季节短期蓄水的低洼地及其周围、沟渠两旁和沙丘间低地的草木生长繁茂,半固定的白茨沙丘约占半数以上,植被覆盖率达到80%左右。

20世纪60年代开始,民勤入境地表水逐年减少,迫使其绿洲从60年代中期开始大量打井抽取地下水以维持农业灌溉,于是这里就成为一个由河水灌溉为主变为以井水灌溉为主的井、河水混合灌溉农业区。大量抽取地下水的结果,使民勤绿洲自70年代末期以后地下水位每年以0.5~1米的速度下降。湖区名称由来的青土湖所在地中渠乡,20世纪

50—60 年代初期人工挖 2～3 米深就能见到地下水，如今机器打井至地下 300 多米深处，有的地方依然不见水的影子。地下水超采，而地表水补给严重不足，导致民勤绿洲近 10 多年来地下水质急剧恶化，水质矿化度平均在 6 克/升左右，最高的地方达到 10 克/升以上，远远超过人畜饮用水矿化度的临界值。而适宜饮用的淡水普遍在 250 米深以下，部分地方在 300 米以下的深井也难找到淡水。

水环境的严重恶化，促使民勤绿洲土地日渐干旱，造成约 2500 平方千米土地盐渍化和大面积的植被衰败或死亡，原本固定的沙丘大部分又重新复活。目前，民勤绿洲已约有 4.87 万公顷天然植被和 1.87 万公顷人工育林枯死。湖区北部 20 世纪 60—70 年代生长着良好的防沙人工林带和大片天然植被，靠这些绿色屏障的保护，湖区曾为民勤最大的产粮区，如今这些绿色屏障已不复存在了。

民勤是西北方和北方路径冷空气入侵的"风口"，年平均 8 级以上的大风日 29 天，最大风力达到 11 级。由于民勤绿洲地表缺少植被覆盖，冬、春季风沙肆虐，绿洲外围有近 1 万平方千米的流沙和 69 个风沙口日夜不停地蚕食绿洲。近 10 多年来，沙漠外溢流沙以年平均 10～20 米的速度向绿洲入侵，同时绿洲内还有较严重的流沙游移。如今，民勤县各类荒漠和荒漠化土地面积，已达到 152 万公顷，约占全县土地面积的 95%，而且荒漠化仍在不断蔓延。湖区因荒漠化已弃耕土地 2 万公顷，荒漠化土地每年还以 2.3% 速度增加。沙尘暴是土地荒漠化的突发事件和主要标志。民勤年平均风沙日 139 天，沙暴日 27.1 天，1993 年"5.5"和 1996 年"5.30"两次特强沙尘暴，曾震惊全国。近 10 多年来，这里沙尘暴天气次数虽然总体呈减少趋势，但仍高于全国和全省的平均水平，而且值得注意的是，沙尘暴天气的持续时间越来越长，影响范围越来越广。许多生态学家断言，照此下去，10 年后湖区绿洲将消失，不用 20 年整个民勤绿洲就可能变成"第二个罗布泊"，

这绝不是危言耸听！

水源奇缺，土地严重荒漠化，飞扬跋扈的狂风沙暴，给民勤地区30 多万人民的生产生活带来了深重的灾难。"沙压墙，羊上房"，这是民勤湖区 8 万多群众日夜在风沙威胁中生活的真实写照。现今，民勤已有 3 万多"生态移民"被迫离开故土远走他乡。

绿洲生态环境恶化是何因

从古至今，干旱荒漠区绿洲的衰败直至沦为沙漠戈壁，其根本原因是水荒和人类不合理的经济活动所造成的。而民勤的水荒，首先是人工不合理构建的水环境的影响，再就是气候变暖变干的作用。水荒和人们对植被的严重被坏，造成民勤"水退沙进，沙进人退"的局面。

民勤从"潴野泽"到"青工湖"漫长历史时期，湖泊的面积不断缩小直至消失，水源逐渐减少，可能与同期中亚气候总体趋于温暖干旱有关，近 50 年来，石羊河出山径流量与多年平均值相比，20 世纪 50 年代偏多，60—70 年代中期正常，70 年代中期至 90 年代初期偏多，90 年代初期至 2000 年偏少。在全球气候变暖的大背景下，石羊河上游山区 80 年代以后年降水量呈减少趋势，而同期该流域年平均气温却呈上升趋势，其中冬季气温的上升趋势更加显著。石羊河流域气温上升、上游山区降水量偏少的时期，大致与石羊河出山径流量偏少时期相吻合，这有可能增加民勤的水分蒸发量和减少地表水入境量。

近 40 多年来，民勤绿洲生态环境的迅速恶化，主要是石羊河上中游下泄水量不断锐减的结果。从 20 世纪 60 年代以来，石羊河流域经历了两个开荒高峰期，即 1960—1973 年和 1987—1994 年。由于耕地不断扩大对水的需求增加，人们在石羊河上游山区兴修水库，在中游的武威、古浪和金昌等县市大量拦截地表水扩大灌溉农田，致使石羊河水系流入民勤境内的年径流量由 50 年代的 5.4 亿立方米，减至现在的 0.8 亿立方米，所占石羊河流域总径流量的比例相应由 30% 减至不足 7%。民勤现需水量约为 7.7 亿立方米，而可供的年水量仅约有 1.6 亿立方米，供需缺口达到 6 亿立方米，所差的部分全靠抽取地下水补给。一些长期从事河西走廊地下水研究的专家推算，长此以往，17～20 年后民勤绿洲的地下水就会被抽干。如此恶劣的人工水环境，民勤绿洲岂能避免沦为沙海的厄运？

民勤绿洲生态环境严重恶化的另一个重要原因是，人们在绿洲及其周围沙荒地长期盲目开荒、滥牧以及乱砍烧柴（红柳、白茨、梭梭等）、割牧草、打沙米和沙蒿籽、挖药材（甘草等），使这里由稀疏低矮灌木和荒漠草类组成的天然植被被严重破坏。白茨身下固定着一堆堆沙子，刮风时沙堆不断增高，它也不断向上长出枝叶，把大量流沙固定起来。甘草生长在沙荒地土层较厚的地方，在地下 1 米左右的土层中根茎相当发达，人们为获取能入药的根茎到处掘地 1 米，进行滚动式掠夺性采挖。这些荒漠植物经过长期的自然选择，适宜在沙漠戈壁区生长，如果人们毁掉这些沙生植物，就不可避免地产生大量的流沙。

绿洲生态环境恶化的对策

水是民勤绿洲生命的源泉和最宝贵的自然资源。因此，要保住民勤这块珍贵的绿洲，必须围绕改善水环境来制定对策，从石羊河流域综合治理入手，才有可能使民勤不至于成为沙海。

大力保护和发展祁连山水源涵养林和草被，首先要把山区的耕地全部退耕还林还草，迁移山民，实行封山育草，使山区气候和生态环境更

加协调，提高其涵养水源的能力，给石羊河流域提供较丰富而稳定的水源，从而为增加民勤地表入境水提供可能性。

石羊河流域是一个完整的生态系统，其上中下游有着相互依存和制约的关系。要改善和恢复民勤的生态环境，在水资源的利用上必须遵循上中下游统筹兼顾、地表水与地下水统一管理、经济效益与生态效益相结合的原则。就是在充分研究石羊河流域水资源现状和特征的基础上，对其有限的水资源进行全面规划与合理分配，妥善解决上中下游之间的用水矛盾。根据现存的主要问题，当务之急要控制上中游地区用水，定期、定量给下游输水，并对有限的水资源节约利用、合理利用、科学利用、依法利用。此外，应当增大从景泰引黄调水量，以减少民勤绿洲地下水超采量，弥补水的供需缺口。

民勤水源奇缺，生态环境严重恶化，然而这里绝大部分农田却种植着粮食作物，每年农业生产用水量约占利用水资源的95%以上，年平均调出商品粮7.3万多吨，生态用水几乎被忽略。目前，该县迫切需要适当减少粮食作物种植面积，把节约下来的水用于改善生态环境和低耗水高效益的产业上来。

在民勤绿洲外围广大荒漠区，必须禁耕、禁牧，实行封沙封滩、育草育林，借助于自然力来扩大天然荒漠植被的面积。同时，在绿洲边缘营造乔、灌、草相结合的防风固沙林带，在绿洲内营造带、网、片相结合的农田防护林体系。俗话说："寸草遮丈风，沙粒走不动。"根据治沙部门测定，一个高9米的红柳包，固定流沙可达到2万多立方米；一个高2米的白茨包，固定流沙可达到几十甚至几百立方米；生长着甘草、沙蒿、红柳等植物的平坦沙地，比没有植物的平坦地积沙厚度高1~2米。

（原载《气象知识》2005年第4期）

退色的玛曲草原

◎ 陈昌毓

玛曲县位于甘肃省的西南角，地处甘肃省的甘南、青海省的黄南和果洛、四川省的阿坝四个藏族自治州的中心地带，其东北部紧靠甘肃省的碌曲县，东部和南部分别与四川省的若尔盖县和阿坝县相邻，西部和北部分别与青海省的久治、甘德、玛沁三个县和河南蒙古族自治县接壤，县境东西长，南北窄。这个县海拔高度为 3300～4800 米，总面积为 1.02 万平方千米，其中天然草原 85.2 万公顷，占总面积的 84.3%，是一个藏族人口占 88% 的纯牧业县。

黄河从巴颜喀拉山北麓发源，一路浩浩荡荡东下，由青海省久治县的门堂北部流入玛曲县境内，流向自西向东，后转向北遇西倾山的阻挡又转向西北，在玛曲县西北部的欧拉秀玛北部复入青海省的河南蒙古族自治县，形成一个长 433 千米 "U" 字形的九曲黄河第一弯，人们称之为 "黄河首曲"，其流域面积约为 0.96 万平方千米。登高远眺，黄河首曲风姿绰约，款款而来，蜿蜒而去，似哈达，似长龙，似飞天飘带，从天之尽头飘然而来。玛曲县的绝大部分就被黄河首曲从南、东、北三面所环抱。

玛曲，藏语为孔雀河之意，因黄河首曲河水青翠如孔雀羽毛而得名。玛曲是世界上最长的英雄史诗——藏族英雄史诗《格萨尔王》中的主人公格萨尔的发祥地，是格萨尔弹唱之乡，县境内格萨尔风物遗迹多达 82 处，已出版的 120 多部《格萨尔王》中，有 40 余部反复出现了

玛曲的 77 处格萨尔风物遗迹。目前，被誉为"东方的荷马史诗"的《格萨尔王》，已列入我国第一批非物质文化遗产。这里除了瑰丽多彩的格萨尔文化外，还有体现藏传佛教文化的 13 座规模较大的古刹。

曾经水丰草茂碧连天

玛曲的西部主要地形是阿尼玛卿山山地，海拔 4000~4800 米，其中部和东部的主要地形为较平坦的湿地和草原，海拔多为 3300~3500 米，湿地面积约为 37.5 万公顷。按照国际《湿地公约》中的定义，玛曲的湿地是指"U"字形的黄河首曲及其支流、湖泊和沼泽，因此，湿地类型分为河流湿地、湖泊湿地和沼泽湿地。

玛曲年平均气温 1.1℃，最冷月（1 月）平均气温 -10.0℃，极端最低气温达到 -29.6℃，最热月（7 月）平均气温也仅有 11.0℃；年平均降水量 615.5 毫米。这种长冬无夏、高寒湿润的气候，为黄河首曲地区提供了较丰富的水资源。

玛曲黄河首曲有大小支流 330 余条，黄河从青海流入县境时水流量为 137 亿立方米，约占黄河总水量的 20%，而黄河流出县境外时流量增加到 164.1 亿立方米，约占黄河总水量的 65%，给黄河补充水量达到 45% 左右。因此，玛曲被誉为黄河的"天然蓄水池"，是"中华水塔"的重要组成部分。由于黄河首曲地区的地势相对较低又较平坦，河流河面较宽，水流很平缓，使得这里地下水位普遍很高，形成了星罗棋布的湖泊和宽阔成片的沼泽。黄河首曲的湖泊、沼泽湿地，主要分布于玛曲县中、东部的欧拉、阿万仓、尼玛、曼日玛、采日玛、齐哈玛等 6 个乡镇，以及河曲马场、阿孜畜牧试验场等地，这里也是该县最优良草场的分布区。黄河首曲湿地和草原与面积约为 80 万公顷的若尔盖县西部湿地和草原隔黄河相望，两地属于同一类型的自然地理景观。湿地国际组织中国项目办事处主任陈克林，在考察了玛曲湿地后感慨地说："我去过世界许多著名的湿地，但像甘肃玛曲这样的湿地在世界上不多见，是我目前见到的保存最原始、最完好的高原湿地。玛曲黄河首曲湿地保护区和四川若尔盖高原湿地巨大的生态功能和保护价值可与三江源区相提并论。"

玛曲高寒湿润的气候养育出广阔的草原，其西部的阿尼玛卿山、北部边缘的西倾山以及南部边缘的俄代山和欧木山为山地草场，中部和东部主要属于草甸—灌丛—沼泽组合结构的草原生态系统，人们称之为"湿地草原"。长期历史以来，由于玛曲草原降水量较多，千水汇聚，土壤水丰富，牧草生长繁茂，是青藏高原和甘肃省天然草原中自然载畜力最高、耐牧性最好的，被《中国国家地理》杂志评为全国最美的湿地大草原第一名，与若尔盖湿地大草原一起被誉为"亚洲第一天然草原"。

黄河首曲湿地草原，浩原沃野，广袤无垠。遥望一马平川的大草

甘南玛曲草原

原，绿草如茵，马牛羊流动。星罗棋布的湖泊，一碧万顷，在阳光下浮光跃金，如镶嵌在草原上的蓝宝石。在8—9月格桑花盛开的日子里，草原景色更让人迷醉：宽阔的湖水倒映着蓝天白云，丰茂的水草花枝招展，香气四溢，蝶舞翻动，众多的鸟欢叫着在湖泊、沼泽与蓝天白云之间纷飞。这是一片多么令人流连忘返的草原啊！

玛曲高寒湿润、水草丰茂的自然气候环境，哺育出不少优良畜种。这里是远古"披毛犀牛"的故乡，河曲马的中心产地，欧拉羊、阿万仓牦牛和河曲藏獒的唯一故里。据史书记载，玛曲早在3000多年前，藏族先民就驯养并培育出来了这些地方优良畜种，自汉代开始就以"羌中畜牧甲天下"而著称。河曲马体格高大，适应性强，挽乘兼用，素以能爬高山、善走水草地而闻名天下，被唐代大诗人杜甫赞誉为"竹技双耳俊，风如四蹄轻"。欧拉羊生长快、体大、耐寒膘肥、肉质优良、产肉率高。阿万仓牦牛是藏民重要的生产工具，肉质鲜嫩，而高寒低氧，全身皆是宝。河曲藏獒是我国乃至全世界唯一被保存下来的原始珍贵犬种，它面阔口方，高大威猛，勇于搏击，能越万里雪山，能牧马牛羊，能驱豺狼，忠于职守，最适宜作守卫。

玛曲湿地草原还是野生动植物的王国和药材资源的天然宝库。在茫茫的绿色原野和绵延的雪山，栖息着梅花鹿、马鹿、香獐、雪豹、棕熊、猞猁、水獭、白天鹅、黑颈鹅、秃鹫、金雕、蓝马鸡、雪鸡、藏羚羊等数十种珍禽异兽；生长着413种优良野生植物，其中39科、151种植物具有良好的药用价值，分布面广、数量较多、药用和经济价值较高的有冬虫夏草、水母雪莲、红景天、贝母、裂叶羌活、唐古特大黄、多花黄芪、甘青乌头、秦艽、党参等20多种。

根据中国植被区划，玛曲黄河首曲草原植被属于川西藏东高原灌丛草甸区。黄河首曲大面积的湿地草甸，经过长期历史的演变，现已形成了厚厚的泥炭层。著名泥炭学家、国际泥炭协会秘书长汉斯先生，在对这里进行了科学考察后得出结论："玛曲县黄河首曲湿地的泥炭资源是如今我所见到的国际上保存最原始、最完好、没有受到人为破坏的泥炭地。这里是自然遗产和人类有独特性质的文化历史遗产相结合保存最完好的典范。"

玛曲的自然景观与古朴的人文景观构成了一幅美妙的画卷，能让人真切地感受到这里"天人合一"的和谐与自然本真。当人们进入这片大草原，见识过它的悠远、博大、原始、雄浑、妩媚、神秘的风采与神韵后，你就会获得最大的满足：啊，这里才是殊胜仙境、世外桃源、人间乐土！

而今湿地萎缩草衰沙起

玛曲草原的自然生态环境，从 20 世纪 60 年代初就开始逐渐恶化，此后恶化的速度明显加快。近二三十年来，玛曲境内众多的黄河支流，大多数已常年干涸或变成季节性河流，流入黄河的水量锐减。黄河从玛曲县境西北部流出到距离不远的青海省兴海县的唐乃亥水文站，这里1956—1986 年 31 年平均年径流量为 219.1 亿立方米，1987—2000 年的14 年平均年径流量为 182.4 亿立方米，减少了 16.8%。黄河河源至玛曲的水资源，其年际变化曲线呈现下降趋势，大约每 10 年减少 1.5 亿多立方米。同时，玛曲已有数百个湖泊、沼泽明显萎缩，例如：位于玛曲县城以南的乔科沼泽（又称河曲沼泽）大面积干涸，湿地面积已由6.7 万公顷左右缩小至 2 万公顷；玛曲县城北面尼玛镇的贡玛滩，原有约 7 万公顷的沼泽，现已萎缩成零星的小水洼。干涸的沼泽地如今变成了一片片泛黑略带潮气的"黑土滩"，晴天时白色的盐碱地反射着阳光。

在此，有必要提一下与黄河首曲湿地相连的若尔盖湿地，两者的生态环境演变趋势基本相似。若尔盖湿地在20世纪50年代以前，一直保持着无人区或半无人区的原始沼泽景观，自60年代开始沼泽出现明显的退化征兆，进入80年代以来沼泽萎缩退化速度明显加快，仅1975—2001年27年间，沼泽湿地萎缩了20.2%，湖泊湿地萎缩了34.5%，河流湿地萎缩了48.1%，而沙化土地却增长了351.8%。

玛曲水文环境的恶化，直接导致其草原大面积退化、沙化和盐碱化。据2003年调查，玛曲草原退化面积达到74.7万公顷，约占该县草原面积的87.8%，其中，中度以上退化面积占总退化面积的80%。在20世纪50年代，玛曲草原还未出现沙漠化现象，到60年代草原开始出现零星沙漠化草地和一些小沙丘，此后随着草原退化的加剧，草原沙漠化面积逐渐扩大。玛曲80年代沙化草场总面积为1440公顷，到1990年增至6080公顷，其中流动沙丘2020公顷，固定沙丘4060公顷，沙化草场面积占该县土地面积的0.63%。从2001年起沙化草场面积平均年增速为6.7%，到2004年沙化草场面积达到5.3万多公顷，面积较大的沙化区就有36块，并出现了220千米长的流动沙丘带。在玛曲草原沙漠化过程中，仅在1967—2004年期间就发生沙尘暴天气154次。

玛曲草原的退化和沙化，使牧草产量明显下降，据测定，1981年该县草原平均产量为5861千克/公顷，草层平均高度为50厘米，到2000年平均产草量下降至4400千克/公顷，草层平均高度下降至20厘米，每公顷产草量降幅达到25%；草原植被的覆盖度由1982年的95%下降至1996年的75%。

随着生态环境的恶化，玛曲草原的生物多样性也遭到了严重的破坏。20世纪70年代该县境内有各种珍稀动物230余种，目前仅存140种左右。草场植物组成也发生了明显变化，20世纪60年代至今，优良牧草率下降了45%，禾本科牧草减少了25%。

现如今，人们在玛曲草原看到的情景，与其昔日芳草碧连天的茫茫草原已大不相同：远处是连绵起伏的沙丘，眼前草场上的牧草矮小，毒草丛生，鼠兔洞穴和掘出的土丘纵横交错，一块块伤疤般的沙地分布其中，成群结队的马牛羊啃食着浅草和草根。经过不到半个世纪的时光，玛曲就由一个清一色碧绿的美丽草原，退变成斑驳的丑陋草原。一些多年从事高寒草地生态环境研究的专家无不感叹：玛曲草原生态环境的恶化长此以往，甘南乃至青藏高原东部要不了很长时间将变成我国又一个大沙尘源！

生态环境恶化成因思考

据玛曲黄河首曲地区近30多年来的气象资料分析，1983年以前各年的年平均气温大多比历年气温平均值低，气候以偏冷为主，但在1984年以后气候持续偏暖，近20多年的年平均气温平均值比历年气温平均值高出1℃以上。从年降水量的年际变化来看，年降水量呈现明显下降趋势。

玛曲草原气温明显上升，降水量减少，对其生态环境造成的恶果主要有两个方面：一是使黄河首曲众多支流的高山源区的积雪层变薄、雪线上升，从而使山区下泄的径流量明显减少，造成许多湖泊和沼泽萎缩或干涸，黄河首曲及其支流水流量锐减。二是玛曲草原气温升高必然引起地温随之升高，造成常年冻土层融化，加上草原上鼠兔洞穴星罗棋布，因而使降水形成的地表水向土层中渗透加剧，明显减少了地表径流量和注入黄河首曲水网中的水量。但因气温和地温明显升高，冻土层融化，又使蒸发量（植被蒸腾量和土壤的蒸发量）大增，从而使草地土壤湿度不会因地表水下渗量的增加而增大。这样，就必然造成近地层空

气和土壤趋于干旱化，促使原来的高寒沼泽草甸逐渐演变为高寒草甸草场，原来的高寒草甸草场植被的覆盖度降低，裸地扩展，严重的则变成了高寒荒漠。

人们过度放牧也是玛曲草原生态环境恶化的重要驱动因素。以玛曲草原1980年之前牧草生长尚好的年平均产量明显下降，这期间草原理论载畜量远远小于1980年之前的。目前，玛曲草原的实际载畜量，远远超过了1980年之后草原的理论载畜量，已接近该年之前草原的理论载畜量。

玛曲草原鼠兔猖獗，受害草地面积逐年扩大，1995年为12.3万公顷，2001年达到16.7万公顷。近几年来，发生鼠兔害的面积以每年14.2%的速度增长。目前，鼠兔害的面积已占玛曲草原面积的50%以上，成为草地沙化的另一个重要原因。

此外，自20世纪80年代以来，人们对秦艽、贝母、冬虫夏草、红景天等名贵中草药和其他藏药的滥采乱挖，以及矿山开采、道路和城镇建设、旅游等，对玛曲草原生态环境的破坏也不可小视。

近年来，玛曲草原水文环境变劣、植被明显衰败、生物多样性减少，这些表征其生态环境恶化现象的产生，主要是近几十年来气候趋于暖干化这种自然诱发因素与人们对草原超载过牧、滥采乱挖等人为破坏因素，两者长期共同作用所造成的。

生态环境恶化治理措施

现今，人们尚无力改变玛曲因气候暖干化趋势所造成的山区冰雪量和河流径流量减少、湖泊和沼泽萎缩或干涸等所显示的水文环境变劣。为了有效遏制玛曲草原生态环境的恶化，人们只能主要从调整其畜牧业生产活动入手，采取综合的治理措施。

黄河首曲湿地及其周围一定范围的草地，是维护和改善玛曲县中部和东部草原生态环境的水源地，特别需要划为自然保护区，对这里要严禁放牧和避免破坏其水文环境。在放牧区，要严格控制牧畜数量，努力使草地的产草能力与畜牧所需的草量保存平衡，做到草原生态环境保护与畜牧业生产协调。对牧草生长较差的草场，要实施引水灌溉，为牧草提供良好的土壤湿度，以促使其良好生长。在水分条件较好的草场，可尝试引种适生小灌木，以维护草原生态环境的稳定。

此外，还需要采取的治理措施包括：严禁人们在草原上滥采乱挖药材，以免破坏草原植被长期形成的较适应的组合结构；清除草原上的毒草，为牧草良好生长创造较好的土地空间；大力消灭草原鼠兔，填平草原上的洞穴和土丘，提高其植被覆盖度；规划好矿山开采、道路和城镇建设，防止对其周围环境造成污染和破坏。

（原载《气象知识》2009 年第 1 期）

消失的洮儿河

◎ 尹立武

    当我们逡巡的目光掠过祖国东北的版图，会看到一条清晰标示的蜿蜒的河流。那就是在东北历史上赫赫有名的洮儿河。对我来说，这是一条曾经陪伴我走过许多岁月的故乡的河。但是，现在我们已经看不到她雄浑壮阔的水面，听不到她惊涛拍岸的喧响了。近日，我又一次徒步走过洮儿河中段。宽阔的河床上满是凌乱的荒草、矮树，还有一片片农田收割后残留的玉米秆的尖茬，和两岸农民搭建的一些用于居住和储存谷物的建筑物。对于这条大河，准确地说，我只能看到曾经的河岸在百米之外依稀的轮廓，脚下偶尔踢到的细沙和鹅卵石，证明着这里曾经是汤汤大水流经的地方。

洮儿河：东北草原民族的母亲河

    洮儿河是东北草原上一条非常古老的河流，是东北草原民族的母亲河。她发源于大兴安岭索岳尔济山麓，流经内蒙古自治区兴安盟和吉林省西北部，洪流跌宕，蜿蜒千里，横穿月亮湖注入另一条大河嫩江。她曾经是嫩江的主干支流。远在春秋战国时期和秦代，洮儿河流域就有东胡人游牧。汉晋时代这里是鲜卑人的牧场。隋朝时契丹人牧猎于此。到了唐代，这里是室韦蒙古的辖区。辽金时代洮儿河流域为中书省泰宁路泰州。清朝时则是蒙古科尔沁部的领地。岁月流转，朝代更替，民族繁衍，大河奔流。历史曾赋予洮儿河许多称谓：隋唐时称她太鲁河，辽金时称她为挞鲁河，六朝时称她为托吾尔河，明代称她为塔儿河，清代称她为淘儿河。从明清两朝的称谓中我们看到了她今日称谓的影子。

辽金时代的洮儿河流域被御定为皇家园囿，成为皇族贵族春季游玩、夏季避暑的后花园。春花烂漫的时节，洮儿河岸边扎满洁白的帐篷，洮儿河畔泡沼纵横，麋鹿嬉戏、百鸟吟唱、苍鹰低徊、牛羊成群。游牧狩猎的人们服装艳丽、骏马美人、牧歌悠扬、汲泉而饮、炊烟缭绕、奶茶飘香，洮儿河水浩浩荡荡，牛皮筏横渡两岸。辽代是洮儿河历史上的一个鼎盛时期。皇帝贵族们每年春季都来洮儿河流域巡幸游玩，或捕捉鹅雁，或垂纶钓鱼，这就是当年契丹语谓之的"春捺钵"。据《辽史》记载，每逢皇帝初春时节"春捺钵"巡幸之时，携群臣、宫妃甚众，从上京临潢府出发，约行60天，迤逦来到洮儿河流域的塔虎城，在挞鲁河（洮儿河）或鸭子河（松花江）凿冰捕鱼。当捕获第一条鱼后，即设"头鱼宴"，以示庆贺。由皇帝亲自放鹰捕获第一只天鹅时，又要举行"头鹅宴"以示庆贺。附近的各部落酋长也应邀参加，举杯畅饮，踏歌而舞，春尽而归。"春捺钵"期间，辽帝也曾在此地接见北宋、高丽等国的使者。此事在沈括的《梦溪笔谈》和《辽史》中都有翔实的记载。

洮儿河的中下游一带在历史上曾扮演过北方金人水军校军场的角色。公元1129年，金军分路南下大举侵宋。金太祖完颜阿骨打第四子完颜宗弼（金兀术）在率军南征之前，因北方金人不擅水战，曾在洮儿河和月亮湖训练水军。用洮儿河宽阔的河面模拟黄河、长江，用3年时间练就了一支水军劲旅。金兵是年五月奔袭扬州，赵构渡江南逃；十月，金兵直趋江浙，十一月，在安徽和县大破宋军，强渡长江至建康（南京），赵构逃往杭州。完颜宗弼紧追不舍，连下广德、安吉等地，

经湖州攻下临安府（杭州）。赵构乘船亡命海上，金兵入海又追击了300余里①。这次金兀术统帅金兵追赵构，跨越江河天险，破关隘捣坚城，搜山川，入大海，无坚不摧，无敌不克。时间之短，战线之长，地域之广，都出人意料，金人称之为"搜山检海捉赵构"。此役使完颜宗弼一战成名。不习水战的北方人能够跨江渡海征战，洮儿河实有功焉。

洮儿河：曾经浩浩荡荡

洮儿河曾经是一条浩荡汹涌的河流。据《白城地方志》记载：洮儿河中游水文记录1952—1985年年平均水位145.71米，年最高水位150.43米，年均径流量12.90亿立方米。洪水期坍岸现象时有发生。1957年洮儿河发生特大洪水，洪峰最高流量达到2330立方米/秒。那时春秋季节的洮儿河风姿绰约，像一条银色的飘带萦绕在八百里科尔沁草原上。上游两岸泉眼密布，中下游河岸苇草茫茫，河中鲤鱼、鲶鱼、鲫鱼等水产丰富。每年4月下旬，嫩紫色的苇芽开始萌发，远远看去似淡淡的紫雾缭绕。"三夏"季节，野鹅、野鸭、鹭鸶等各种水鸟栖息于野苇丛中，洮儿河就是一个百鸟的乐园。金秋十月，芦花如雪，收割正忙。到了银装素裹的冬天，冰封的洮儿河又开始了冬捕期。一年四季变幻的色彩构成了洮儿河的粗犷壮阔和美丽婀娜。渔牧于此，天籁之音就是这里的渔歌和牧歌。记忆中我童年时代的洮儿河"渊深海阔"。外祖父喜欢垂钓，春秋季节的傍晚，我常追随外祖父在沿河岸深水处置放罱钩，第二天早晨起钩时总会有不小的收获，常常钓得到两三尺②长的大鱼。

①1里＝500米，下同。
②1尺≈0.333米，下同。

洮儿河：如今空空荡荡

弹指间人是物非，人们不期在这样短暂的时光里看到如本文开头所描述的那种无奈的沧桑变化。在只有短短的不到半个世纪的时间里，科尔沁草原上的一条重要的河流洮儿河就成了遗失的风景。40 年前汹涌激越的清澈激流切换成了 20 年前的滔滔浊流，又切换成今天的空空荡荡。那些叮咚的泉水没有了，那些纵横的泡沼干涸了。

洮儿河是怎样走向消亡的？是什么原因使她迷失了灵动的身影？气候是影响径流的决定性因素，其中降水量的多寡直接左右着径流量。洮儿河奔流在十年九旱的东北西北部半干旱地区，在日益严酷的气象条件下走向了她的宿命。气候资料表明，洮儿河流域主要气象站点 1955—1980 年的年际降水量变化曲线显示出，由 550 毫米一路下滑降至 430 毫

米。洮儿河流域近 20 年年平均降水量不足 300 毫米。2001 年年平均降水量更是降至 207 毫米这个有气象记录以来的最低值。蒸发量达到或超过了降水量的 5 倍，降水量远远小于蒸发量，入不敷出。自然降水的减少导致了干旱程度的加深，干旱导致了地表水匮乏，地表径流量减少。干旱同样引起了地下水位大幅下降，泉水量锐减。汇入洮儿河的多个支流渐次干涸枯竭。加之自然植被破坏，水土流失，上游水库库存几近于零。这些综合因素仿佛是看不见的上帝之手不经意间抹杀了曾经平阔浩荡的洮儿河。

洮儿河：期待欢跳再次重现

我们曾经拥有，如今我们不再拥有。那条曾经汹涌澎湃的大河流进了历史，只留给我们一个苍凉的背影，成了一条我们记忆中的大河。对着空旷的河床，我只想痛哭。然而痛哭已经无用，想想日趋严重的气候变化，想想人类自己不科学的开发大自然的行为，我们人类必须重新并正确审视自己与大自然的关系了，只要我们采取适应对策，与大自然和谐共处，说不定若干年后洮儿河又会欢跳起来了。

（原载《气象知识》2009 年第 6 期）

向海的变迁

◎ 尹立武

大兴安岭南麓向东南方向倾斜下去，一直过渡到松嫩平原。在这个倾斜的扇面上，有数条河流逶迤东行，其中霍林河、洮儿河、额穆泰河经科尔沁草原流至一片洼地，便停止了跋涉的脚步，不再进入松嫩平原。当这些奔流的河流在这里汇聚后，恰似散落一片大小星辰，形成许多湖、泊、泡、沼。这片洼地就是闻名遐迩的科尔沁草原之肾——向海。

往事钩沉：名气出自香海庙

当地人说先有香海庙，后有向海湖。向海最早的名气是出自香海庙，而不是那汪洋恣肆的湖、泊、泡、沼。香海庙是一座喇嘛庙，是当年方圆几百千米内最著名的藏传佛教寺院，名声远播，以"终日香烟缭绕似海"得名。1664 年，向海建庙，取名"青海庙"。1784 年乾隆皇帝带着刘墉、和珅等三十四人微服私访曾下榻于此。因"青海庙"的"青"字比"大清帝国"的"清"字少了三点水，乾隆视为削去了大清帝国的半壁江山，故改庙名，将此庙赐名为"福兴寺"，并亲笔以满、汉、蒙、藏四种文字书写匾额，并留有"云飞鹤舞，绿野仙踪"、"福兴圣地，瑞鼓祥钟"两块碑文。1928 年西藏布达拉宫六世班禅额尔德

尼不远千里来到香海寺传经说法，科尔沁草原为之轰动。1937年3月，为躲避日伪势力迫害，原国家副主席乌兰夫的两个儿子——布赫和乌可力在爱国的喇嘛保护下曾在香海寺秘密居留了一年多的时间。1944年冬，十二岁的乌可力在去前苏联途中路过向海，又在香海寺住过一夜。1998年乌可力重访香海寺，他还找到他当年拴马的那棵蒙古黄榆老树。1994年，香海庙重新修复，已故国家佛教协会主席赵朴初亲笔题名"香海寺"。

香海庙

湿地向海：科尔沁草原之肾

向海国家级自然保护区位于松辽平原边缘、科尔沁草原东部的吉林省通榆县境内，是国家级自然保护区，总面积为 10.67 万公顷，为典型的草原地貌。20 多个湖泊和上百个自然泡、沼星罗棋布，水深一般为 3 米。这里年平均气温 4.9℃，年降雨量 400～450 毫米，年蒸发量 1890 毫米，无霜期 170 天左右。保护区内有植物 600 余种，脊椎动物 300 余种，鱼类 20 余种，鸟类 293 种。

向海以沼泽、湖泊、鸟兽、黄榆、苇海等独特自然景观、丰富物种饮誉海内外。向海的美，美在自然，美在古朴。蜿蜒起伏的暗黄沙丘、波光潋滟的湖泊泡沼、千姿百态的蒙古黄榆、波涛翻滚的蒲草苇荡、山水画意的钓船渔翁、竖笛横吹的牛背牧童、古风古貌的土坏农舍，构成一幅原野版的"清明上河图"。置身向海，天地于恍惚间被拉回亘古洪荒时代，大自然的原生态奔突眼底，美轮美奂，让人意动神驰。霍林河、额穆泰河、洮儿河奔流而至，滋润着沃野、湖沼、榆林、蒲草、苇荡，孕育着生命的灵光。

向海湿地

1981 年建立向海自然保护区，1992 年被列入《国际重要湿地名

册》。同年被世界野生生物基金会评定为"具有国际意义的 A 级自然保护区"。

向海有湿地"领袖"之称，曾先后有美国、德国、日本、韩国、比利时等 20 多个国家的 500 余名专家学者来保护区考察、观光，进行学术交流。荷兰亲王贝恩哈德到向海观光后，深有感触地说："这真是人间仙境！"世界鹤类基金会主席乔治阿其博先生考察向海后说："我到过世界上 50 多个国家的自然保护区，像向海这样完好的自然景观、原始的生态环境、多样性的湿地生物，全球也不多了，这不仅是中国的一块宝地，也是世界的一块宝地。"

如果说湿地是"地球之肾"，那么向海当之无愧的就是"科尔沁之肾"。

鹤舞向海：与长白山齐名被评为吉林八景之一

在吉林省自然景观中，烟波浩渺的向海湿地与雄浑奇伟的长白山齐名，素有"东有长白，西有向海"之说。2009 年"鹤舞向海"被评为吉林八景之一。这里有鹤类 6 种，占全世界现有鹤类的 40%。珍稀禽类有丹顶鹤、白枕鹤、白头鹤、灰鹤、白鹤、天鹅、金雕等，是闻名遐迩的"鹤乡"。应该说，向海国家自然保护区最迷人的物种是硕果仅存的丹顶鹤。中国古籍文献中对丹顶鹤有许多称谓，如《尔雅翼》中称其为仙禽，《本草纲目》中称其为胎禽。丹顶鹤是鹤类中的一种，因头顶有红肉冠而得名。向海是丹顶鹤的故乡，用向海人的话说："向海是仙鹤迷恋的地方。"传说中的仙鹤，就是丹顶鹤，它是生活在沼泽或浅水地带的一种大型涉禽，常被人冠以"湿地之神"的美称。殷商时代的墓葬中，就有鹤的形象出现在雕塑中。春秋战国时期的青铜器钟上，鹤体造型的礼器就已出现。道教中丹顶鹤飘逸的形象已成为长寿、成仙的象征。从古至今丹顶鹤就是吉祥的象征。"晴空一鹤排云上，便引诗情到碧霄"，在向海看鹤唳行云绝对是一种人生至美的享受。朝霞涂满东天的时候或夕阳落照中，丹顶鹤飞旋高空或盘桓水泽之间，永远都是一幅充满灵气和魅力的美妙图画。

鹤舞向海

2008 年初夏，我陪同省城的朋友到向海国家自然保护区游览。在苇海深处我们见到了一位年轻的养鹤人，和他攀谈起来，知道他大学毕业后来到向海从事丹顶鹤人工繁殖和驯化工作，已经在向海国家自然保护区工作好几个年头了。"全世界现在只有 1500 只丹顶鹤了，我这里就有 60 只。我是全世界最奢侈的玩鸟人。"听他这样自豪地说，我们都开心地笑了。

向海痛心：曾经一度的枯萎

在科尔沁荒漠，向海却是一片诱人的绿洲。1991 年，导演程捷拍

摄了一部反映向海原生态的风光纪录片《家在向海》。用散文诗的笔调描述了向海国家自然保护区丹顶鹤与人与大自然的和谐依恋。2001 年，当程捷导演把镜头再次对准向海，拍摄《再回向海》时，人们从画面中看到了向海的凋零和枯萎。

气候变暖，气温升高，蒸发量增大，降水量逐年减少，向海自然保护区年平均降水不足 400 毫米，降水量最少的 2007 年只有 194.4 毫米。干旱程度加剧，自然补充水源断绝，是向海湿地陷入危机的主要原因。由于湿地补充水源渐近枯竭。湖泊水位降至不足 1 米，泡、沼大部分干涸。2001 年，我曾去向海实地查看湿地萎缩情况。接待我的向海朋友带我踏查了许多个干涸龟裂的泡子。那种感觉至今想来仍然痛心。自1998 年嫩江流域大洪水过后，向海上游的洮儿河与霍林河相继断流，造成向海水源补给不足，湿地生态系统遭到了严重破坏。随着湿地萎缩，泡、沼干枯，草地退化，珍稀的蒙古黄榆大片死亡，禽类、动物类数量减少，许多珍稀动植物面临灭绝。向海保护区干旱面积不断扩大，部分地方已经出现了沙化、盐碱化、荒漠化。

除了连年干旱少雨外，科尔沁的大风也是草原沙化、盐碱化、荒漠化的重要催化剂。

除了天灾还有人祸，向海地方长期以来就有放牧牛羊的传统，近些年山羊绒市场价格走高，绒山羊数量猛增。这对保护区内天然林和草原植被都造成了严重的危害。湿地周边和湿地保护区范围内开垦土地没有得到有效的控制，超限度的垦殖直接破坏了生态平衡。向大自然的过分索取必然遭到大自然的无情报复。向海湿地生态恶化严重地影响着局地气候，2001 年 4 月 7 日，吉林省西部出现有气象记录以来最严重的沙尘暴天气，黄沙弥漫经久不息。2004 年春季吉林省西部地区出现了自1961 年以来最严重干旱，农谚有"大旱不过五月十三"说法，然而2004 年大旱超过农历五月十三，为历史罕见。

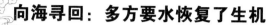

向海寻回：多方要水恢复了生机

拯救向海湿地迫在眉睫。向海国家自然保护区的繁茂与衰微的关键在"水"，霍林河、额穆泰河、洮儿河自身难保，已经不能满足向海的"吞吐"。

2004年6月19日，时任水利部部长汪恕诚到松辽流域指导防汛抗旱工作。听了吉林省就向海湿地严重缺水问题的汇报后，汪恕诚当即指示由松辽水利委员会会同内蒙古自治区、吉林省水利部门组织实施向海湿地应急调水工程。国家水利部、松辽委紧急启动"引察济向"湿地生态应急补水工程，从内蒙古察尔森水库引水注入向海国家自然保护区。6月25日，调水开始。从内蒙古的察尔森水库引水5000万立方米。到8月5日，3100多万立方米水进入向海水库，从此，每年国家水利部门和地方政府均投资购水补充向海湿地水源。

近几年吉林省开发云水资源工程逐步实施，气象部门和向海国家自然保护区联合制定了向海湿地人工增雨实施方案，建立湿地保护长效机制，从根本上解决向海国家自然保护区水资源危机问题，建设向海国家自然保护区人工增雨作业工程，提升向海国家自然保护区开发利用云水资源、抵御干旱灾害的能力，保护其生态环境，向天要水，补充湿地水源。

"引水入向（海）"和"向天要水"两项工程从"治标"和"治本"两个方面解决了向海湿地的"干渴"问题。同时退耕还林还草，进行季节性放牧。

如今，我们又看到了浩渺的湖波、摇曳繁茂的苇海、凌空飞翔的丹顶鹤。"绿叶荫浓，遍池亭水阁，偏趁凉多。海榴初绽，朵朵簇红罗。

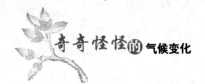

乳燕雏莺弄语，有高柳鸣蝉相和。骤雨过，珍珠乱洒，打遍新荷"，初夏的向海仿佛元好问描写的情境，令人流连忘返。

2009 年初春，我又来到向海国家自然保护区，此时此刻，这里虽然还透着几分寒意，但从遥远的南方陆续回迁的候鸟却给向海带来了春的气息。十余万只候鸟铺天盖地而来，云集向海，景象蔚为壮观。向海国家自然保护区的朋友高兴地告诉我："今年春天有130 多个种类近 10 万只候鸟回迁向海，这是近十年来罕见的现象。湿地恢复工程见了成效，向往已久的那个从前的向海又回来了。"

（原载《气象知识》2010 年第 1 期）

"三江源"地区的气候变化

◎ 任国玉　张　雁　初子莹

　　长江、澜沧江和黄河源区位于青藏高原的腹地，通常称"三江源"。这个地区气候高寒、干燥，大风日数多。全区海拔高度一般在4000米以上，山区以外的高原面上年平均气温在0℃左右，最热月7月平均气温低于12℃，年降水总量一般在500毫米以下。"三江源"地区分布着众多4500米以上的高山，山区气温更低，降水量较多，孕育着大量的山地冰川。在这种气候条件下，"三江源"发育着典型的高寒（苔原）草甸地带植被。植被系统的结构和功能单纯，一旦受到外界干扰，由于其自身的调节机制不够健全，恢复能力很弱，很容易发生退化。植被下的土壤瘠薄，质地粗，有机质含量低，遇到扰动易于造成水土流失。"三江源"地区的生态系统对气候变化和人类活动等扰动极为敏感、脆弱。

　　"三江源"地区是青藏高原最为重要的水源涵养区，其生态与环境状态直接关系着下游地区的社会和经济发展。近几十年来，在气候变化和人类活动的共同影响下，这个地区的生态、环境发生了明显变化。"三江源"地区是传统的牧区，人口稀少，经济活动微弱。20世纪50年代以来，特别是实行改革开放政策以来，人口明显增加，经济发展迅速，部分地区出现农耕作业，牲畜数量大幅度增多，人类活动对环境的影响也日趋显著。为此，近年来国家对"三江源"的生态和环境的改善、保护十分重视，建立了我国面积最大的自然保护区。自然保护区旨

在调控当地人类活动，但当前和未来的气候变化仍然对脆弱的生态系统具有明显影响，同样需要给予足够关注。

近50年的气候变化

现有观测资料表明，近50年"三江源"地区和全国大部分地区一样，地面气温明显上升。整个地区年平均增暖速度一般在0.10~0.30℃/10年。东北部和东部观测到的升温较多，黄河源区增暖幅度明显高于长江源区和澜沧江源区；增温最显著的站点集中在海拔2700~3300米高度上，但变暖趋势与海拔高度之间并无显著关系；从季节看，冬、秋季增温明显，夏、春季增温趋势略小；秋季而不是春季平均温度上升明显，这和全国其他地区有差别，可能和冬、春季积雪增加有关系；整个区域最低气温上升明显，最高气温上升较少；变暖主要发生在最近的20多年，20世纪80年代以前变化趋势不显著。

近50年来降水量一般也呈增加趋势，但近20年夏季降水减少，黄河源区似乎更明显。降水变化趋势取决于台站、统计时段、计算方法和季节多种因素。在40~50年的整个时期里，多数台站的年降水量是增加的，冬季和春季则比较明显；近20年特别是20世纪90年代以来降水量趋于减少，北部和东部地区台站明显，夏季降水的减少更加显著。由于台站分布不均匀，加之降水变化的空间一致性比较差，目前的统计方法还无法准确反映整个区域平均的变化情况。

"三江源"区积雪变化与整个青藏高原一致。近50年积雪日数、积雪量和最大积雪深度均呈增加趋势，长江源积雪在20世纪70年代到80年代初，存在一个由少到多的突变点，振荡周期以3~6年和准11周年为主。积雪的增加不是积雪向秋季或春夏扩展，相反，积雪期（从开始有积雪到积雪彻底消退）在缩短，积雪期内有积雪的天数在增多、积雪量明显增大。

近50年日照、蒸发的变化与东部地区有明显差异。"三江源"区多数台站的水面蒸发量都呈减少趋势，这和我国东部大部分地区一致，但东南部分台站变化不明显或以增加为主；理论计算的蒸发量多数台站呈弱增加趋势，特别是西部和东部台站；尽管我国东部大部分地区日照时数呈现明显减少趋势，本区日照时数多数台站却表现增多；此外，近50年来包括源区在内的长江上游流域实际蒸发量呈明显增加趋势。

平均风速明显减小。"三江源"区平均风速的减小与全国其他地区完全一致。推测年大风日数也可能趋向减少。

极端天气、气候事件变化趋势不太显著。从近50年来看，全区干旱面积、强降水事件频率、高温日数等趋势变化不显著，但长江源区一些台站强降水事件频率似乎有增加趋势；寒潮事件频率和沙尘天气日数明显减少。然而，目前对极端气候事件变化讨论不多，真实的变化情况还需要深入研究。

"三江源"地区近50余年的气候变化

气候要素	统计时段	变化趋势	信度估计
近地面气温	1955—2002	明显增加，年平均增暖速度约0.10~0.30℃/10年。冬、秋季增温明显，最低气温上升明显，近20年来变暖更显著，东北部变暖较多。	很高
降水量	1955—2002	近50年多数台站表现出增加趋势；但近20年来一般呈减少趋势，夏季和黄河源区尤其明显。	高
积雪日数和最大积雪深度	1956—2002	呈较明显增加趋势。	高

（续表）

气候要素	统计时段	变化趋势	信度估计
日照时数	1956—2002	增加或变化趋势不明显。	高
蒸发量	1956—2002	增加或变化趋势不明显，实际蒸发增加。	中
平均风速	1956—2002	呈减弱趋势，70年代初以来更显著。	高
强降水	1955—2002	趋势不显著，但长江源区频次增多。	高
干旱	1955—2002	趋势不显著，但近20年黄河源区加重。	中
沙尘暴	1954—2002	一般呈减少趋势，但黄河源区部分地区增多。	高

注：表中信度水平的分级为：很高（95%以上），高（67%～95%），中等（33%～67%），低
（5%～33%），很低（5%以下）。

20世纪90年代初以来的气候暖干化对当地生态系统、水资源、环境和经济发展产生了一系列严重影响。这些影响主要表现在植被特别是草原牧草的退化、草原鼠害增多、部分永久冻土和冰川融化、河流流量减少、湖泊水位下降、土地荒漠化加剧、农牧业产量和农牧民收入减少等。黄河源区的众多湖泊出现明显萎缩，一些湖泊干涸，黄河上游年平均流量显著下降，经常出现断流，1997年断流时间达226天。

气候转暖对长江源区多年冻土产生较大的影响。由于过去30～40年来长江源区多年冻土退化，冻土中的冰消融，从而产生大量融水。根据实地观测和初步估计，由于上限下降60～100厘米，在长江源区冻土中冰融水量可达245～407亿立方米，而多年冻土面积减少4%产生的冻土融冰达100亿立方米。

多年冻土上限下降可能会提高活动层的蓄水量，使得降水的径流强度降低，引起表层土壤变干燥，植被退化。而多年冻土融化的水文效应会使多年冻土的隔水作用消失，土层蓄水量提高，但会引起降水的径流强度降低，从而使得土壤变干燥，植被退化。冻土退化可能是目前河流径流产流减小及湿地和湖泊萎缩的主要原因。

长江源区通天河径流量自20世纪60年代中期以来呈现出下降趋

势，流量变化幅度在全国不同气候带的大河中属最小，近 45 年来通天河流量经历了小—大—小的演变过程。流域夏季降水量减少、年平均气温升高和蒸发增大引起的气候干旱化趋势是造成径流量减少的主要原因。年径流量仅为黄河源区的 60%，丰水年与枯水年比例基本相当，40 多年间年径流基本稳定，但 20 世纪 90 年代径流量比 80 年代偏小。

古气候资料显示的变化

古气候资料表明，青海西部历史上的降水量出现过巨大的波动。1425—1510 年和 1650—1730 年两段时期，分别发生了持续 80～90 年的特大干旱事件。当时的干旱比 20 世纪 90 年代的干旱要持久、严重得多。如果这种类型的干旱重现，必将会对"三江源"及其下游地区的生态、环境和社会经济造成巨大灾难，不能不引起足够的注意和警惕。历史上的严重、持久干旱已经为本区环境和生态保护提出警示。应该指出的是，这个地区 20 世纪的降水似乎是近 1000 年来最丰沛的，资源管理者应该为应对更严重的干旱做好准备。

本区历史上气温变化特点还不清楚，但东北部祁连山地区 20 世纪的增暖似乎是近 1000 年来最显著的。这说明，现代的变暖可能的确是不寻常的，并可能与全球气候变化有联系。但是，本区的古气候代用资料还非常缺乏，今后需要进行深入研究。

一些研究表明，包括本区在内的青藏高原腹地在全新世中期是相对温暖的，地面气温明显高于今天，降水可能也比今天丰沛。但是，对于全新世气候变化的细节现在还不是很清楚，需要开展更多研究。

气候变化的原因及未来可能趋势

人类活动和自然气候振荡对于观测的气候变化均有影响，但人类对于气候的自然波动目前还缺乏足够的认识。一些迹象表明，"三江源"区近 50 年的变暖以及其他气候要素的变化可能是对全球变暖的响应，但自然气候振荡对于现代气候变化可能也具有重要影响。区域气候变化的原因识别是一个非常复杂的科学问题，目前还不能给出明确的答案。

有科学家利用区域气候模式对长江源区未来可能的气候趋势进行了模拟。在考虑未来温室气体排放继续明显增加的情况下，2030 年前后本区年平均气温可能升高 0.5℃左右，比全国平均增温弱。增暖主要发生在冬季，而夏季地面气温变化不明显甚至可能变凉。

在考虑未来温室气体排放继续明显增加的情况下，2030 年前后本区年降水量变化趋势不显著，西部和北部可能增加，东南部可能减少。夏季可能变干，但冬季降水可能明显增加。气候模式对未来降水变化的模拟还存在很大的不确定性，有些模式模拟结果表明，"三江源"地区未来的降水将明显增加。

对于自然的气候变化，目前了解不多，因此未来可能由于自然原因引起的气温、降水变化趋势还无法进行估计。

应对气候变化的措施

加强气候与环境的监测工作。要加强"三江源"区气候观测系统建设。目前气象观测网密度在我国东部沿海地区平均达到 7 个/1 万平方千米以上，而"三江源"地区不足 0.5 个/1 万平方千米！气候观测台站严重缺乏。同时不同的部门分别设立观测站，资料不能共享，造成观测资源无法高效利用。建议增设地面气象观测站点，加强卫星遥感监测；整合不同部门现有观测资源；开展野外科学试验，补充空间缺口；加强古气候代用资料挖掘，延长资料序列；建立区域资料存储和管理系统。

加强气候与环境变化的研究。"三江源"区气候变化及其影响的研究工作也非常薄弱。目前有待解决的关键科学问题包括：现代气候变化的基本观测事实与原因究竟是什么；极端天气和气候事件变化的规律是什么；未来全球气候变化背景下本区的气候趋势将怎样；过去和未来自然气候变化的规律是什么；冰川萎缩对三条大河径流的影响怎样；本区降水和降雪增加与冰川萎缩、湖面下降的矛盾如何解释；气候变化和人类活动对草原退化、湖面下降、径流减少的相对贡献是多少。只有把这些问题搞清楚，才能提出有针对性地适应气候变化对策和措施，更好地保护"三江源"地区的生态和环境。

加强国内监测和研究机构之间的合作。在气候变化监测和研究方面，现在还处于各自为政状态，国内不同部门和单位之间的工作缺乏协调和联动。今后要加强不同部门和研究机构的合作，开展联合、协调行动，避免重复立项和资源的浪费。

加强黄河上游地区人工影响天气工作。"三江源"之一的黄河上游地区气候需要给予更多关注。这个地区的干旱对整个黄河的径流量具有重要影响。在过去几年里，果洛藏族自治州等州、市开展了人工增雨作业，取得一定成效。目前黄河上游地区的人工增雨经费有限，影响了作业规模和作业时间，未能最大限度地开发空中云水资源。

建议国家建立黄河上游人工增雨经费投入的长效机制，并增加对该项工作的投入，每年安排专项资金，列入国家财政预算，以增加作业

点，延长作业时间；同时进一步提高人工增雨工作的科技含量，尽快建立移动雷达监测系统，抓住最佳作业时机，提高人工增雨效益。

（原载《气象知识》2008 年第 4 期）

企鹅、北极熊，你们过得好吗

◎ 秦克铸

　　说到北极、南极，人们自然就会想到北极熊、企鹅。作为北极、南极的象征，北极熊、企鹅可以说已经根深蒂固地印在了地球人的头脑当中。然而，迄今很少有人明白，为什么在南极地区生活着企鹅，而北极地区却没有？为什么在北极地区生活着北极熊，南极地区却没有"南极熊"？当然，最大的问题还在于除了科学家和小朋友外，现在也很少有人去关心今天的企鹅、北极熊到底过得怎么样？

南极——企鹅的家园

　　企鹅是两栖鸟类，主食磷虾和鱼类，成群栖息在海滨，常在岩石和冰块上作跳跃式行走，立时昂首"企望"状，故名企鹅。现在世界上约有 20 种企鹅，其分布地区集中在以南极大陆为中心的南极大陆沿海地区以及北至非洲南端、南美洲和大洋洲的大陆沿岸和某些岛屿上。一句话，地球上的企鹅全部分布在南半球。由于企鹅必须待在由来自南极的冰雪融化的水或由深海涌来的较冷水流经过的海域里，所以，除了一种勇敢的企鹅能顺着寒冷的海流游到加拉巴哥斯群岛附近的赤道水面外，人们还未看见过企鹅在北半球露面。为什么南半球的企鹅来不到北半球呢？科学家推测，在南极一带生活的企鹅，其祖先管鼻类动物是在

赤道以南的区域发展起来的，它们不继续向北挺进到北半球的原因，可能是企鹅忍受不了热带的暖水。有人发现，企鹅分布范围的最北限与年平均气温20℃区域的连线非常一致。换句话说，温暖的赤道水流和较高的气温形成了一个天然屏障，阻隔了企鹅跨越赤道北上。

虽然企鹅并非南极特有的鸟类，而且南极企鹅的种类也不多，但从企鹅的个体数量看，南极堪称世界第一。南极企鹅有7种：帝企鹅、阿德利企鹅、金图企鹅（又名巴布亚企鹅）、帽带企鹅（又名南极企鹅）、王企鹅（又名国王企鹅）、喜石企鹅和浮华企鹅。这7种企鹅都在南极辐合带以南繁殖后代。据鸟类学家长期观察和估算，南极地区现有企鹅近1.2亿只，占世界企鹅总数的87%，占南极海鸟总数的90%。在南极的企鹅中，数量最多的是阿德利企鹅，约5000万只，其次是帽带企鹅，约300万只，数量最少的是帝企鹅，约57万只。南极地区以外的企鹅，还有加岛环企鹅、洪氏环企鹅、麦氏环企鹅、斑嘴环企鹅、厚喙企鹅、竖冠企鹅、黄眼企鹅、白翅鳍脚企鹅和小鳍脚企鹅等10多种，属于温带和亚热带种类，其个体都比南极企鹅小，有的背部带有白色斑点。

企　鹅

为什么南极会成为企鹅的家园呢？这与南极的自然环境条件和企鹅长期的生存适应有直接的关系。南极附近的南大洋中因寒流暖流交汇，海水中产生了能养活磷虾的大量的营养物质，而磷虾又为企鹅的生存和发展提供了充足的食物保障。南极是一个孤立的高原大陆，也是一个冰雪的世界，其周围的海洋是难以逾越的天然屏障，它阻断了动物向南迁移，使企鹅在这里很少受到捕食者的袭击。企鹅的生活习性和形体结构也非常适应这里的环境。现在的企鹅是在漫长的生存竞争中逐渐进化而来的新种类。企鹅浓密的羽毛、厚厚的脂肪，使狂风吹不进、严寒侵不透，其翅膀在适应环境的过程中，已失去了飞翔能力，成了在陆地上行走的平衡器、在水中游泳的推进器，有时它为逃避海豹和鲸的追杀，靠翅膀的力量，它可以垂直越出水面 2 米高，然后跳到有厚冰的安全地带。南极为企鹅提供了安全的生息之地，企鹅在漫长的自然选择中又适应了这里恶劣的环境，因此，企鹅便成了南极的主人。

为什么北半球没有企鹅？解释这个问题，可以从北半球地质历史上气候的变化、生物的生存竞争以及人类活动的影响来分析。生物学家通过对古生物化石的研究认为：北半球曾有大量的企鹅生活过。从大西洋东岸的地中海到挪威，从大西洋西岸的佛罗里达到纽芬兰，以及太平洋沿岸的许多地区，都曾经留下企鹅的"足迹"，考古学家在地中海沿岸的洞穴中还发现了 2 万年前的古人绘的岩画中也有大量的企鹅。企鹅大约是在第三纪的渐新世和中新世的交界前后出现的，早期的企鹅对环境变化的适应能力较差。它的灭绝，首先与第三纪末气候变冷和第四纪大冰期的来临有着重要的关系。当时，那些不适应寒冷气候的种类最早被淘汰了。企鹅取食在海洋，繁殖在陆地，受海生和陆生捕食动物的双重威胁。它在同后期发展起来的哺乳动物的生存竞争中惨败，而被大量吞食，幸存的企鹅也仅限于少受捕食动物影响的海岸或孤岛上。实际上，直到 1000 多年前，北极地区仍然生存着为数不少的企鹅，人称"北极

大企鹅"，北极大企鹅身高60厘米，头部棕色，背部的羽毛呈黑色，很像穿着晚礼服的外国绅士，它们生活在斯堪的纳维亚半岛、加拿大和俄罗斯北部的海流地区，以及所有北极和北冰洋沿岸的岛屿上，最多时数量曾达几百万只。大约1000年前，北欧海盗发现了大企鹅。从此，大企鹅的厄运来临。特别是16世纪后，北极探险热兴起，大企鹅成了探险家、航海者及土著居民竞相捕杀的对象。1844年6月2日，北半球最后的两只企鹅在爱尔兰海面上的一个小岛上被捕杀了。从此，北半球再也没有出现过企鹅。这是一个惨痛的教训！

北极——北极熊的乐园

北极熊是北极的代表，由于它全身披着长而稠密的白毛，甚至连耳朵和脚掌也长着白毛，只有鼻子一点是黑的，所以又叫白熊。北极熊冬季主食海豹、海鸟和鱼类，夏季主食植物，是世界上最大的动物之一，最大的北极熊，体重可达900千克。北极熊平时行动缓慢，但跑起来却比人快得多，它在冰面上的奔跑速度可达60千米/小时。北极熊还是"游泳健将"，而且是"潜水能手"，它能在冰水里连续游泳320千米。

北极熊广布在亚欧大陆和北美大陆北部的沿海地区、北冰洋中的大部分岛屿和格陵兰等地。研究发现，虽然在北极一年四季都会有北极熊出没，但北极熊的活动范围从未超出北极沿岸地带。为什么北极会成为北极熊的乐园呢？众所周知，北极没有陆地，有的只是无边无际的海洋和冰盖。冰盖不仅是北极熊赖以栖身的家园，也是它们捕猎食物所必需的条件。经过长期的适应，北极熊的形体结构非常适合北极地区的环境条件，比如：北极熊的毛结构极其复杂，里面中空，起着极好的保温隔热作用，因此，它在浮冰上可以轻松自如地行走，完全不必担心北极的

北极熊

严寒；北极熊的体形呈流线型，善游泳，熊掌宽大犹如双桨，因此，在北冰洋那冰冷的海水里，它可以用两条前腿奋力前划，后腿并在一起，掌握着前进的方向，起着舵的作用，一口气可以畅游四五十千米；北极熊爪如铁钩，熊牙锋利无比，它的前掌一扑，便可以将海豹的头颅打得粉碎，这是它捕食的绝招。

研究表明，南极没有"南极熊"主要与南极大陆的地质演变历史有关：大约在2亿年前的中生代初期，南极大陆和现在的南美洲、非洲、印度、澳大利亚连为一体，构成一个统一的大陆叫"冈瓦纳古陆"。由于地壳运动以及海洋的不断扩张，冈瓦纳古陆发生分裂，南极逐渐与南半球所有其他大陆相分离，造成天各一方的格局。大约到了距今6500万年前的时候，南极洲才基本稳定下来，并逐渐演变成为地球上一个独立的单元。另据动物学家的研究表明，熊类这种动物的起源可追溯到2200万年以前，因为半熊（又称犬熊）被认为是现代熊的祖先。从生物进化的角度分析，熊类虽然出现较晚，但发展迅速，它们的起源

和演化主要在北半球，直到距今大约 1000 多万年以前才挺进南美洲，但熊类动物从来没有进入过非洲大陆。后来，地球上出现了寒冷的气候，进入第四纪冰期，南北两极地区形成了巨大的冰川。那些来不及退避到温暖地带的北极穴居熊绝灭了，取而代之的是能适应寒冷气候的北极白熊，分布在冰海雪原的北极地区。由此可知，南极洲之所以没有白熊的踪迹，这是因为早在熊类的祖先出现以前，南极大陆就已经是一个被南大洋所包围的独立大陆，是浩瀚无垠的汪洋大海隔断了笨重的陆生熊向南极大陆的迁移。

北极熊、企鹅——你们过得好吗

　　网上有一则寓言故事很耐人寻味：在赤道附近，北极熊与企鹅不期而遇。北极熊对企鹅说："由于人类的捕猎和环境的污染，我在北极实在住不下去了，想去你们南极。"企鹅一听傻了眼，说："世界各国都派人去南极考察、寻宝，害得我们无处生存，我还要去北极呢！"看来，北极熊和企鹅在北极和南极过得并不好！

　　由于过度捕猎，北极熊现在已经十分稀少，其现存量不超过 2.5 万~4 万只，这就是说平均每 700 平方千米的冰面，才有 1 只北极熊。北极熊的主要敌人是北极地区的土著居民，北极熊的肉是他们最重要的食物来源之一，熊皮是当地居民的日常用品，用其制成裘服、鞋袜，为他们提供了最能保温的防寒物品，他们还把北极熊的皮制成十分值钱的饰品。由于利欲熏心，外地的捕熊船也不期而至，他们定期开进北极海域，大肆捕掠，致使北极熊的数量急剧减少。北极石油资源的开发，先进的破冰船、飞机、潜艇等进入北极，人类造成的环境污染也已经波及北极熊赖以生存的北冰洋，现在北极熊的生存受到了前所未有的威胁。

大量温室气体的排放使得北极地区的气温升高，冰雪融化，冬季缩短，北极熊捕捉不到足够的食物来储存脂肪，越冬越来越困难。大气环流把工业废气、烟尘和农药输送到北极，北极熊通过食物链摄入这些污染物，污染物中的有毒物质在北极熊体内不断富集，也已经威胁到北极熊的生命安全。近年科学家发现，化学农药DDT在被禁用10多年后，在北极圈内的北极熊体内仍被发现了！

南极的污染情况也不乐观。随着人类南极考察活动的日益频繁，同时加上南极旅游业的兴起，人类往南极地区输送了大量的有害物质或者是通过其他方式将有毒化学物质转移到极地地区，企鹅的生存环境越来越差。目前，人们已经在南极的企鹅、海豹、虾和鱼类等海洋生物体内，陆续检测出多种污染物，不仅有六六六和DDT等农药，还有汞、铅、铜、锌和镉等重金属以及氯烃和烷烃等烃类化合物，甚至在南极的陆地植物地衣中，也发现有六六六和DDT，在某些生物中甚至还检测出了钋等放射性物质。最为棘手的是，很多难降解的化学农药在南北极地区由于低温几乎得不到任何分解而反复在环境中循环，并通过食物链进入动物体内，导致南北极地区的企鹅、北极熊体内出现较高浓度的有机农药。

为了保护北极熊，20世纪70年代北极地区的国家签署了保护北极熊公约，严格控制买卖、贩运北极熊皮制品，严格控制对北极熊的捕杀。当地土著居民每人每年可以特许捕杀北极熊3只。同时北极熊还被列入世界濒危动物名录。为了控制住农药进一步传播，人们开始重视绿色食品的生产，并试图使用完全的生物防治或生物农药来代替化学农药。各国还投入了大量的人力、物力研制和使用高效、低毒、低残、易降解的农药。现在人们已经认识到，只有全世界一起来防治，像南北极动植物受到农药等化学物质侵害的超越国界的环境问题，才能够真正得到控制。

　　南北极的生态系统是极为脆弱的，它们几乎经不起现代文明的哪怕是轻微的扰动。对于北极熊和企鹅来说，生活环境的任何改变都可能带来灭顶之灾。地球上的一草一木和人的生存都是息息相关的，如果有一天北极熊和企鹅也灭绝了，人类面临的状况恐怕比北极熊和企鹅还要糟糕。

（原载《气象知识》2005 年第 2 期）

如履薄冰的北极熊

◎ 中国天气网

昔日的北极霸主如今处境告危，溺水身亡、同类相残、与人类争食——种种离奇事件的背后究竟隐藏着怎样的秘密？远离尘世的北极为何更易受全球变暖的影响？

熊殇事件　接连发生

"游泳健将"北极熊相继离奇溺水

2004 年，美国科学家在波弗特湾发现了 4 只被溺死的北极熊。作

为声名远扬的超强游泳高手和整天在浮冰上来往穿梭的行者，溺死事件显然是对北极熊的"嘲弄"。

雄性北极熊变身"最无耻老公"

2004 年 1 月，在北极熊的领地发生了一起离奇的命案。人们在一个坍塌的洞穴中找到了两具小北极熊的尸体，洞穴外面有动物连续重击洞穴顶部的痕迹，在不远处，有一具残缺不全的母熊的尸体。

这起恶性伤"熊"事件究竟是谁所为？结果令人大吃一惊！经美国和加拿大的科学家调查，这起事件竟然是母熊的老公、小熊的爸爸——雄性北极熊所为。

饥肠辘辘 北极熊闯入人类居住区

26 头饥饿的北极熊来到西伯利亚东部一村庄，疯狂寻找食物，吓得村民不敢出门，只能发送无线电信号求救。

科学家将北极熊发生的这一系列事件归咎于全球变暖导致的北极冰盖的退缩。

北极熊不是水生动物，它们的家在海冰上。在正常情况下，北极熊

游四五十千米是可能的，但是要游 50～100 千米，它们恐怕就难以安全登岸了，还会有溺毙的危险。所以，善游泳的北极熊是因为海中冰块分离开的长度超过了它们的游泳能力而被溺死的。

憨态可掬的北极熊变身"最无耻老公"和闯入人类居住区的理由同样是饥饿造成的。

北极熊最喜欢吃的食物是海豹，它们通常在冰上狩猎。当发现远处冰块上有海豹休息时，它会悄悄潜水过去，上岸后用前爪遮住自己黑色的鼻子，然后突然出现在海豹面前，使之无法逃脱；有时也趴伏在冰窟窿附近的冰块上，等到海豹露出头呼吸时，再发动突然袭击。

但是，由于海豹游泳的速度远远超过北极熊，在没有浮冰作掩护的地方，北极熊是奈何不了海豹的。北极熊每天要吃 4 千克左右的海豹肉，随着脚下冰层的消失，捕食海豹就越来越困难了。

显然，食物稀缺的压力已经把北极熊推到了相当的悲惨境地。阿拉斯加动植物保护研究中心的黛博拉·威廉姆斯表示：这完全是全球气候变暖留下的"血腥印记"！

北极熊真的会绝迹吗

美国内政部曾在 2007 年 5 月将北极熊列为"受威胁物种"。那么，北极熊真的会灭绝吗？

这一方面要取决于全球变暖对北极熊影响的程度。譬如说，浮冰的减少对北极熊捕食产生的影响究竟到了何种程度？这样的趋势发展下去，北极熊以后会不会因此抓不到海豹吃了？

另外，全球变暖究竟对北极熊的繁殖产生了什么影响，近年来北极熊的种群发生了怎样的变化？

有一位专家对北极熊的觅食有过非常形象的描述，他说，北极熊随着浮冰走，浮冰哪个地方多北极熊就多，它主要吃海豹，海豹只有在浮冰上才可能被北极熊抓到，如果它潜入水中北极熊就抓不到了。北极熊潜泳能力相对差一些，它游泳的时候头主要是露在水面上的，海豹一下水就钻进水底了，根本找不着。所以，据他观察，北极的老海豹休息时是在浮冰的边缘上，一旦北极熊来了就马上下水。小海豹不懂，就被北极熊吃掉了。所以可以说，北极熊抓到的都是老弱病残幼类的海豹，比较强壮的、年富力强的海豹，北极熊根本抓不住。

这位专家就是中国科学院大气物理研究所研究员、中国科学探险协会主席高登义先生，他的描述进一步明晰了我们对北极熊困境的理解。

而更令人担忧的是，觅食困难导致的饥饿等事件，还不是北极熊面临的最严峻考验，事实上，北极熊整个大家族的生存、繁殖都受到了全球变暖的影响。

北极熊的繁殖力十分低下，雌性北极熊要长到 5 岁才能达到性成

熟，而且通常一胎只产两只，幼仔的成活率只有 50%。同时，雌性北极熊要等到自己的孩子长到大约 3 岁时才会再次怀孕。影响北极熊繁殖的因素主要有：一是能否进行充分的冬眠，以储存脂肪来"喂奶"；二是能否有足够结实的冰层来建造"产房"。而现在，情况已经发生了很大变化。

冬眠时间缩短

生活在不同地区的北极熊，冬眠的习性也有所不同。一般来说，许多雄性北极熊和没有怀孕的雌性北极熊不冬眠，或者冬眠时间很短。

北极熊冬眠与否和当时的食物是否充足有很大的关系。当食物丰富时，北极熊就不冬眠；食物严重缺乏时，北极熊就冬眠。冬眠不但是为了防寒，也是为了度过食物严重不足的时期，这是一种适应外界不利条件的动物本能。

北极熊冬眠期间往往禁食 6～8 个月，因此，全靠冬季狩猎维持生存。如北极的夏季无冰期延长，北极熊就只得饥肠辘辘地待在岸上，而且这种难熬的日子也就长得多。由于结冰期迟迟不到，北极熊就无法获得对其生死攸关的脂肪储存，而这又会影响到北极熊的繁殖，也会影响到雌北极熊产奶的能力。在哺乳期内，雌北极熊会消耗体内储存的大量脂肪，一方面使之转化为乳汁用于喂养幼仔，另一方面用于维持自己的体温，所以雌北极熊过了一个冬天之后，体重可减轻一半。

科学家已有充足的证据证实，由于以上原因，北极熊的生育率下降了 15%。

分娩地点发生变化

北极熊的交配多在早春，怀孕期为 8 个月左右。一到秋天，雌性北极熊临产前选择一个积雪较深的岩石后面或峡谷中偏僻而背风的坡地挖掘雪洞，然后就躲进雪窝之中。一般在 11—12 月份生产，每胎产 1～3 仔，但以 2 仔为最常见。雪窝里的温度比外界高得多，一般在 0℃ 以上，这是由于外面的冷空气被雪门隔绝了，加之雌性北极熊身躯壮大，身体的热量可使雪窝里显得格外温暖。

研究者发现，从 1985 年到 1994 年，62% 的雌北极熊将雪窝建在了海冰上，但在 1998 年到 2004 年之间，这个数字下降到了 37%。近年

来，北极海冰面积越来越小，融化越来越早，较厚的多年极冰，也在逐渐消失，因此，浮冰变得越来越不稳定，无法满足北极熊分娩和抚养小宝宝的需求。

科学家们还暗示，海冰的消融，有一天会将北极熊困在海上，让它们无法返回陆地，去建筑自己的窝。

一项调查显示，生活在加拿大的詹姆斯和哈德逊湾的北极熊正变得越来越瘦，从 1980 年到 2004 年，成年雌性北极熊的平均体重已经从过去的 295 千克下降到 230 千克。

世界自然基金会 2006 年发布警告说，北极熊种群数正在加速减少，从 2001 年减少 1 个增加到 2006 年减少 5 个，目前世界上北极熊种群数目仅剩 19 个。

科学家们预测，到 2050 年，北极熊的数量将减少 30%。只有加拿大北部的北极地区和格陵兰西岸地区，才能够让全球大约 1 万多只北极熊继续存活下来。

当然，这只是预测。北极熊的未来究竟如何，谁都很难下定论。不过，世界自然保护联盟早已将北极熊列入濒危物种的红色名录。

为什么温室效应对北极影响更剧烈

温室效应引发的全球变暖，我们目前感受到的多为"冬天不冷，夏天不热"，为什么却让北极熊饥寒交迫、无家可归、濒临灭绝？为什么对全球变暖反应最强烈的地方偏偏是北极这个冰天雪地的地方呢？

北极冰盖究竟融化了多少

北极冰盖有两大类，一类是覆盖在北冰洋上的海洋冰盖，一类是覆盖在陆地上的岛屿冰盖。相对于在陆地上的格陵兰岛冰盖，北极冰盖长期浸泡在蕴藏大量热能的北冰洋上，融化速度显然更加迅速。

这里给出的是两张不同年份同一时期的北极冰原分布图，表面看上去区别不大，如果仔细观察，不难发现其中端倪。在时隔不到30年的时间内，冰原西部和北部的海冰离海岸的距离发生了明显改变。1979年的时候，我们看到西部和北部的海冰还几乎与海岸连成一体，到了2005年，海冰和海岸之间已经有了相当远的距离。北极冰原就像一块大蛋糕，被切走了一块。

北极冰原分布图（1979 年）

北极冰原分布图（2005 年）

　　海冰的融化还不仅仅表现在面积的缩小上。据最新的科学观测表明，北冰洋上的北极冰盖厚度已经从原来的 3 米减少为 1.5 米，而且超过 70% 的冰层都是冬季刚刚结成的新冰。

为什么北极海冰融化速度加快

　　剑桥大学海洋物理学教授彼得·瓦德哈姆斯，从 1976 年起他乘皇家海军核潜艇在北极冰盖下进行了 6 次航行，收集到了大量数据。2007 年，他再度潜入北极冰盖下，发现冬天海冰迅速变薄，现在厚度仅为 1976 年的一半。瓦德哈姆斯说，通常，冬天北极海冰面积为 580 万平方英里[①]，夏天海冰面积为 270 万平方英里。但是，因为 2007 年日照时间比往年多，水温升至 4.3℃，高于平均温度。到 9 月，北极冰盖已经缩小了 110 万平方英里。

　　瓦德哈姆斯教授分析了北极海冰消融速度加快的原因。因为冰是白色的，因此，照到冰上的大部分日光被反射回去。而现在冰逐渐消融，露出了海水，而海水的颜色比冰暗，可以吸收更多的阳光，海水的温度

---

①1 平方英里 = 2 589 988.11 平方米，下同。

会变得更高。这又导致更多的冰融化，使得冬天更不易再度结冰。这一过程逐渐加快，一直到冰完全融化。

陆地上的冰原也是一样的。北极圈的温度升高后，会促进植物生长，并且导致冰原融化，因此，从前雪白的地表被深颜色的植物取代。这就意味着更多的阳光被地表的植物吸收，而不是被冰面反射回去，从而加快了温度的上升。

是什么导致了全球变暖

梳理一下北极熊事件的线索，其最终根源将归结到全球变暖上。而且我们由此会惊奇地发现，人类竟然和北极熊联系在一起。

地球的冷暖在很大程度上是由大气层中的二氧化碳、甲烷等温室气体决定的，如果没有它们，在寒冷的宇宙空间，地球将是一个零下18℃的冰球。

从地球诞生的那一天起，就接收着太阳的温暖，但它不得不把通过太阳短波辐射接收到的热量，以地面长波辐射的形式向外太空发射出去。好在大气层中的温室气体能够阻止一部分地面热量的散失，使地球表面的温度不至于降得太低，从而变成了一个生机盎然的绿色星球。这就是目前非常时髦的名词——温室效应。

然而，近百年来，也就是工业革命之后，二氧化碳浓度开始猛增，从之前的280ppm上升到2005年的379ppm，达到65万年以来的最高值。短短一百多年间，二氧化碳的浓度值增长了30%以上，由此引发了过度的温室效应。

对于这些增加的温室气体，我们可以清晰地打上"人类制造"的标签。它们原本以石油、煤和天然气的形式深藏地下，但1840年开始的几次工业革命，使它们重见天日，并燃烧释放出大量温室气体，最终导致全球变暖。

2007年年初，政府间气候变化专门委员会正式发布了全世界超过

2500 名顶尖科学家参与的气候评估报告。报告肯定了从 20 世纪中期至今，我们观测到的地球增温现象，有 90% 可能与人类活动有关。（执笔：叶海英）

（原载《气象知识》2009 年第 1 期）